高 等 职 业 教 育
数字媒体专业新形态教材

H5融媒体制作项目式教程

主编 邱军辉 刘 婧
副主编 董善志 潘珺玲 张晓博 刘玉良

微课版

中国水利水电出版社
www.waterpub.com.cn
·北京·

内 容 提 要

本书通过任务驱动，结合企业真实案例，系统地讲解 H5 交互动画的基本理论和制作技术。全书共 6 个项目，主要讲解使用 Mugeda 平台制作 H5 交互动画的流程、H5 基础动画的制作、行为和触发等交互技术，以及虚拟现实、微信功能、各种实用工具的应用等，由浅入深地带领读者逐步加深对 H5 动画的认知，提升 H5 交互动画制作技术技能。

为深度贯彻国家课程思政建设文件精神，践行课程思政的立德树人、协同育人的教育理念，本书的每个任务案例的选取和制作过程都充分融入课程思政教育元素，崇尚中国传统文化、践行社会主义核心价值观、注重职业岗位素养培养。

本书内容丰富，引入山东广播电视台融媒体资讯中心（闪电新闻 H5）的真实案例，校企合作开发，具有较强的实用性和参考性；本书结构清晰，知识框架参照 1+X 证书职业技能标准进行编排，不仅可以作为备考"融媒体内容制作"1+X 职业技能等级证书的教材，也可以作为传媒类高职院校和培训机构相关专业的辅导书，以及 H5 融媒体交互内容制作爱好者的参考用书。

本书配有电子课件和案例素材，读者可以从中国水利水电出版社网站（www.waterpub.com.cn）或万水书苑网站（www.wsbookshow.com）免费下载。

图书在版编目（ＣＩＰ）数据

H5融媒体制作项目式教程：微课版 / 邱军辉，刘婧
主编. -- 北京 ：中国水利水电出版社，2021.10（2024.1 重印）
高等职业教育数字媒体专业新形态教材
ISBN 978-7-5226-0030-7

Ⅰ．①H… Ⅱ．①邱… ②刘… Ⅲ．①超文本标记语言
－程序设计－高等职业教育－教材 Ⅳ．①TP312.8

中国版本图书馆CIP数据核字(2021)第200093号

策划编辑：周益丹 责任编辑：张玉玲 封面设计：李 佳

书 名	高等职业教育数字媒体专业新形态教材 H5 融媒体制作项目式教程（微课版） H5 RONGMEITI ZHIZUO XIANGMUSHI JIAOCHENG (WEIKE BAN)
作 者	主 编 邱军辉 刘 婧 副主编 董善志 潘珺玲 张晓博 刘玉良
出版发行	中国水利水电出版社 （北京市海淀区玉渊潭南路 1 号 D 座 100038） 网址：www.waterpub.com.cn E-mail：mchannel@263.net（答疑） 　　　　sales@mwr.gov.cn 电话：(010) 68545888（营销中心）、82562819（组稿）
经 售	北京科水图书销售有限公司 电话：(010) 68545874、63202643 全国各地新华书店和相关出版物销售网点
排 版	北京万水电子信息有限公司
印 刷	雅迪云印（天津）科技有限公司
规 格	184mm×260mm 16 开本 13.5 印张 312 千字
版 次	2021 年 10 月第 1 版 2024 年 1 月第 3 次印刷
印 数	5001—8000 册
定 价	62.00 元

凡购买我社图书，如有缺页、倒页、脱页的，本社营销中心负责调换

全国传媒职业技术教育联盟教材编委会

序

教材是教育教学的关键要素、立德树人的基本载体。在全国教材工作会议暨首届全国教材建设奖表彰会召开之后，全国传媒职业技术教育联盟首批系列教材正式出版，即将在联盟内外职业院校应用。这批教材落实了职教思政建设的要求，蕴涵着行业产业前沿的技术技能，凝聚了编撰工作人员的心血，承载着传媒职教学生的希望，是联盟成立以来的标志性成果之一，必将在推动传媒职业技术教育"三教"改革、"三全育人"综合试点、"大国工匠"培养等方面起到积极作用，为培育思政品质可靠、专业技能过硬、创意思维活跃的高质量传媒人才提供基础性支撑。

尺寸教材，悠悠国事。新时代，党中央、国务院高度重视教材建设，成立了国家教材委员会，设立了全国教材建设奖，出台了《职业院校教材管理办法》等系列制度文件，全面落实教材建设国家事权。全国传媒职业技术教育联盟成立以来，联盟理事会紧扣国家政策文件，联合行业产业企业，组织联盟院校单位，启动了编写传媒职业技术教育教材的工作。

在教材编写过程中，参与编撰的老师充分依托联盟的平台作用，发挥主观能动性，深入行业产业调研，掌握对应领域技能迭代情况；组织线上线下研讨，结合校情学情搭建章节架构；加强编校沟通协调，有效保障教材开发出版质量，充分体现了联盟"资源共享、优势互补、合作共赢、协同发展"的宗旨，为联盟今后更好、更快、更多地出版系列教材提供了成功经验，为联盟在共定合理化人才培养方案、共育双师型教师队伍等方面开展卓有成效的工作提供了示范借鉴。

翻阅此次出版的《H5融媒体制作项目式教程（微课版）》《新媒体内容创作实务（微课版）》《数字媒体交互设计项目式教程（微课版）》等教材，二维码等数字出版新技术的运用应引起足够重视。新时代，面向智能手机成长起来的新生代学生，作为传媒领域首个全国性职业教育共同体，我们理应在采用新媒体、智媒体技术开发新形态教材方面起到引领示范作用。在保障教材开发全面贯彻落实职教思政建设新要求前提下，围绕使传媒产业新知识、新技术、新工艺、新方法等内容准确、及时、有效进入教材，要主动将新形态教材开发与结构化教学团队建设、模块化课程内容构建衔接起来；要及时总结新型活页式教材、工作手册式教材开发经验；要积极探索增强现实技术、虚拟现实技术等复合数字教材开发模式；要统筹规划新形态教材与教学资源库、在线课程等其他数字教学资源的联动建设，以教材改革为抓手，带动教师改革、教法改革。

当然，联盟也将持续强化教材建设中的平台作用，编制建设规划，分享合作机会，加强指导评价，加大推广应用，为联盟高质量教材建设提供高水平服务。

袁维坤

前言

随着科学技术的飞速发展，移动终端如手机、Pad等数字产品已经与大众生活和工作紧密结合，尤其是当前媒体融合时代，媒体的传播和内容制作也越来越趋于交互式、小屏化，因此H5作为可以进行小屏观看、视觉效果好、传播能力强、可交互的一种内容形式，得到广泛的应用。各大媒体企业越来越关注H5融媒体内容的制作与推广，也为媒体人和相关从业人员提供了机遇。本书深入讲解H5融媒体交互动画的制作原理和方法，重点关注H5的交互制作和各种工具的创意性应用，同时引入大量媒体企业实际案例，帮助读者由浅入深地了解并掌握H5融媒体交互动画制作所需的基本技能，快速提高职业技能。

全书分为6个项目，每个项目具体内容如下：

项目1为"平台操作和管理"，包括3个任务。首先通过案例引入讲解，使读者对H5类型和应用有初步的认知和了解；其次详细讲解了Mugeda平台的账号注册流程，以及平台的基本操作；最后通过任务实训，使读者了解H5的基本制作流程。

项目2为"基础动画制作"，包括4个任务，通过任务实践，讲解预置动画、关键帧动画、加载页、镜头运动动画等基础动画的制作技术，为后续的动画制作打好基础。

项目3为"特型动画制作"，包括6个任务，主要讲解路径动画、进度动画、变形动画、遮罩动画、元件动画、关联动画等几种常见特型动画的制作方法，使读者的动画制作技术得到进一步提高。

项目4为"行为交互动画制作"，包括5个任务，主要讲解各种触发条件、交互行为的设置，如帧行为、页行为、媒体播放控制、属性控制以及逻辑控制等。通过本项目的学习，可以实现各种创意的交互式动画效果，使读者的动画制作技能得到很大程度的提升。

项目5为"工具应用动画制作"，包括5个任务，主要讲解Mugeda平台中的各种工具的使用，如虚拟现实、微信定制、陀螺仪、定时器、随机数等工具，利用这些工具可以增加动画的创新性和实用性。通过本项目的学习，使读者能够综合利用多种工具，制作多种类型的创意H5动画。

项目6为"动画制作综合实训"，包括3个任务，取自山东广播电视台"闪电新闻H5"的3个真实案例，分别讲解3种常见类型的动画——翻页类展示动画、长图拖动类交互动画、游戏类交互动画；动画制作过程中综合应用多种工具和动画类型，交互性强、综合性高。通过本项目的学习，可以使读者的综合动画制作技能得到全面的提升。

本书主要特色如下：

（1）引入真实案例，注重实践。本书引入媒体企业真实案例，以项目化任务驱动式构建内容，每个任务的内容包含相关的"知识链接"，讲解基础知识和原理，并进行实践指导，加以强化认识和理解；然后通过任务实施，将本任务的目标作品实现步骤进行详细的讲解和指导，使教学目标得以实践掌握。

（2）案例内容融入课程思政元素。本书任务案例从选取到制作，充分考虑到课程思政建设，在"任务描述"中包含案例的课程思政描述，每个案例均能向读者传达正确的思想导向，传播正能量。

（3）对接1+X职业技能标准。本书为校企合作开发教材，不仅在任务中引入真实案例，而且将"融媒体内容制作"1+X职业技能标准充分融入到知识架构中。通过本书的学习，能够对接证书的初级和中级标准，适用于高职院校各相关专业学生学习，也可作为备考辅导书。

本书的编写得到山东省职业教育技艺技能传承创新平台（媒体融合技术创新平台）的资助，以及山东广播电视台融媒体资讯中心的全力配合，主要参与人员有山东广播电视台融媒体资讯中心的张晓博、刘玉良，山东传媒职业学院的吕梁、范国娟、袁堂青、曾琦、何丽丽，以及广西广播电视学校的宋伟红等，全体人员在编写过程中付出了大量的辛勤劳动，在此一并表示衷心的感谢。

编　者

2021 年 6 月

目录

项目 1

平台操作和管理

项目导读

Mugeda 是一个在线的 H5 动画制作云平台，其功能和制作技术具有显著优势。通过本项目的学习，使读者能够认识 Mugeda 平台，了解 Mugeda 平台的基本功能和使用平台的基本流程，了解动画作品的管理，能够使用 Mugeda 制作一个 H5 动画。

教学目标

★掌握 Mugeda 平台账号注册和基本操作流程。

★掌握平台管理页面和编辑页面的操作。

★制作一个 H5 动画。

任务 1 Mugeda 平台账号注册和管理

【任务描述】

要制作 H5 动画，首先要了解什么是 H5 动画，它有什么样的特点以及应用范围，为什么选用 Mugeda 平台制作 H5 动画，了解 Mugeda 平台的主要优势，然后在 Mugeda 平台上注册自己的账号，开始制作动画之前的准备工作。

【任务要求】

掌握 Mugeda 平台的账号注册和平台基本使用流程。

【知识链接】

1. H5 融媒体交互动画

（1）H5 融媒体交互动画简介。H5 是 HTML5 的简称。我们使用计算机、手机等移动终端看到的网页、App 等，大多是由 HTML 编写的，主要包含 HTML、CSS、JavaScript 等技术。在当前媒体融合时代，媒体传播和内容制作已经开始利用 H5 技术，制作一种便于小屏观看、视觉效果好、传播能力强、可交互式的"网页"，即"H5 融媒体交互动画"，简称"H5 动画"。例如，我们使用微信扫描二维码就可以观看的邀请函、小游戏、产品广告等，都属于 H5 动画。

（2）H5 动画的优点。H5 动画最大的优点就是跨平台、兼容性强，只需要用浏览器就可以观看 H5 动画；在传统互联网时代，动画基本上是用 Flash 来制作的，在当前移动互联网时代，移动终端大多不支持 Flash，而 H5 可以非常好地适配各种移动终端，并非常方便地展示和传播动画，应用非常广泛。

H5 动画的制作不需要制作者具备专业的网页开发技术，只需要掌握图片、音频、视频、文字等素材元素的常用编辑技术开发门槛较低；H5 的交互方式也不需要制作者编写代码，只需要通过简单的逻辑设计和参数配置，即可实现各种方式的交互。

（3）H5 动画案例赏析。H5 融媒体交互动画的类型非常丰富，如新闻报道、营销推广、求职招聘、游戏测试、节日热点等；交互方式也多种多样，如长图拖动、逻辑判断、陀螺仪、转发接力、全景 VR、多点触控等，应用极为广泛。表 1-1 列举了不同类型和交互方式的 H5 动画案例供读者赏析。

表 1-1 H5 动画案例赏析

案例类型	长图拖动	答题游戏	新闻报道	营销推广
案例简介	爱淄博·助力创城 争做文明淄博代言人	昆明冷知识水平等级考试	闪电新闻，看见未来	植树节：我为家乡添抹绿
出品单位	淄博市文明办、淄博市交通运输局、大众日报淄博融媒体中心	都市时报	山东广播电视台融媒体资讯中心	重庆万州区广播电视台
二维码				

2. Mugeda 平台

（1）Mugeda 简介。Mugeda（木疙瘩）平台，是一个专业融媒内容制作与管理平台，可一站式生产长图文、网页专题、交互 H5 动画内容，全场景对图片、视频、图表素材进行编辑、导出等操作，并可对内容进行流量分析、传播分析及浏览行为分析，支持本地化部署，一站式满足内容生产者的需求。

（2）Mugeda 的特点。目前 H5 动画开发平台众多，如易企秀等，各有各自的特点，而 Mugeda 平台具有以下特点：

1）功能强大，简单易学，能轻松快速制作含有文字、图片、音频、视频等多种媒体

的动画。

2）交互性强，使用 Mugeda 平台无需编写代码即可制作多种交互式动画，专业编码人员也可进行编码开发 H5 动画作品。

3）兼容性强，适用于所有浏览器，兼容多种操作系统，不需要下载安装，也不需要安装插件，直接在浏览器中即可运行平台。

4）内容发布灵活，应用广泛，具有数据统计服务功能，提供类型丰富的案例模板和资源库，广泛应用于产品营销、企业宣传、新闻发布、数字出版、教育培训等活动。

【任务实施】

1. Mugeda 平台账号注册

（1）登录平台主页面。Mugeda 平台是在线平台，需要连接 Internet，打开浏览器，输入网址 https://www.mugeda.com/index.php，进入主页面，如图 1-1 所示。

图 1-1　www 版木疙瘩主页面

这个界面是商用版本（简称 www 版本）。Mugeda 平台还提供一种用于教学的版本（简称 edu 版本），网址为 http://edu.mugeda.com/，主页面如图 1-2 所示。两种版本功能基本相同，编辑界面图标等有所不同。

图 1-2　edu 版木疙瘩主页面

（2）进入账号注册页面。两种版本均可注册账户，读者可任选一种。如图 1-1 所示 www 版本，点击主页面右上角"注册领模版"按钮，进入账号注册页面，如图 1-3 所示，用户可以使用手机号进行注册，也可以使用微信或邮箱授权注册。

以下所有步骤我们均以 edu 版本为例，在主页面单击"注册"按钮，跳转至账号注册页面，如图 1-4 所示。

（3）注册。填写图 1-4 中所示信息，完成注册。

图 1-3　www 版本账号注册页面　　　　　图 1-4　edu 版本账号注册页面

2. Mugeda 平台个人界面

（1）个人主页面。注册完成后，登录个人账号，进入个人主页面，页面主要分为左侧用户菜单、右上角用户下拉菜单以及中间的工作台区域，如图 1-5 所示。用户下拉菜单如图 1-6 所示。

图 1-5　个人主页面

（2）作品管理页面。单击图 1-5 中左侧用户侧边栏菜单中的"我的作品"，或者单击图 1-6 用户下拉菜单中的"我的作品"，即可进入作品管理页面，展示个人账户下的所有作品，如图 1-7 所示。

图 1-6 用户下拉菜单

图 1-7 作品管理页面

任务 **2** 平台页面与作品管理

【任务描述】

下面我们来创建一个 H5 作品。我们要了解作品制作流程，在线平台的 H5 作品如何保存，作品制作完成后如何用移动终端扫码预览，如何发布 H5 作品，作品制作完成后还可以进行哪些操作。

【任务要求】

掌握 H5 作品制作流程，掌握作品管理页面的操作。

【知识链接】

1. Mugeda 平台账号

Mugeda 平台提供多种类型账号，注册后成为免费会员，免费会员的作品数量、发布次数、导出次数等会有限制：作品总数为 50 个，发布次数为 5 次，空间容量为 0.5G，导出数量为 2 次。如个人有需要可购买标准会员或购买次数。

在个人账户下拉菜单中单击"我的账户"，可以查看用户账户服务信息，也可以更改账号信息，如更改资料、修改密码、绑定邮箱或手机等。

Mugeda 平台为服务高校及培训机构开设本课程，方便教学，提供了免费的教学会员，高效教师可以申请教学会员账号，进行师生账号关联教学。

2. 师生账号关联

（1）申请教师账号。在个人账户下拉菜单中单击"我的账户"，在账号服务中单击"升级签约版"，如图1-8所示，跳转到"院校开课"页面，教师用户即可申请教学会员。

图1-8　账号服务页面

（2）学生账号关联。教师用户登录账号后，在"我的账户"页面左侧单击"班级管理"，如图1-9所示，在班级管理页面中，教师可将班级码发给学生。学生将班级码填入"您还未关联任何账号，请输入关联码："文本框中，单击"关联"，即可实现师生账号关联。

图1-9　教师账号班级管理

（3）师生账号关联应用。

1）共享素材。学生与教师账号关联后，教师可以将"共享组"中的素材共享给学生。学生在自己的账号下，单击作品管理页面中的"素材管理"，即可共享教师的素材。

2）学生提交作品。学生在作品管理页面中，预览要提交的作品，在预览页面中单击"提交作品"按钮，即可提交作品至教师账号。教师在班级管理页面中，即可看到所有学生提交的作品。

3）教师分享作品。教师在作品管理页面中，预览要分享的作品，在预览页面中单击"推送给学生"按钮，即可将该作品分享给学生。学生在个人页面左侧菜单栏中单击"作品分享"，即可看到教师分享的作品。

【任务实施】

1. H5作品制作过程

（1）新建H5作品。在个人主页面单击"新建"按钮，弹出"请选择编辑器"界面，如图 1-10 所示。我们选择专业版，进入到编辑界面，如图 1-11 所示。第一次使用 Mugeda 编辑器，会有操作教程，可以跟随教程了解界面，如不需要跳过即可。

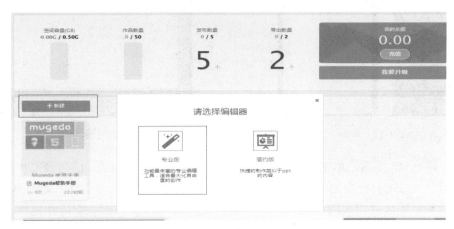

图 1-10　新建 H5 作品

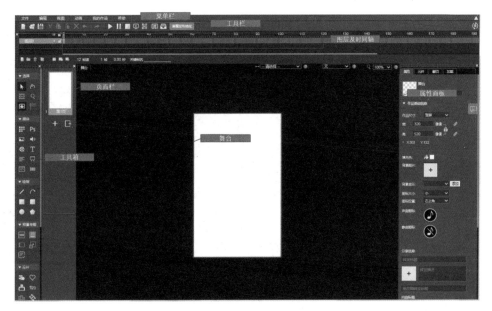

图 1-11　专业版编辑器界面

（2）H5 内容制作。页面正中央是舞台，默认竖屏（宽 320 像素，高 500 像素）。浏览作品时，只有在舞台上的内容才可见。

我们从工具箱中选择文本工具，在舞台上单击即可添加文本，修改文本为"个人介绍"，如图 1-12 所示。

（3）保存 H5 作品。单击工具栏中的保存图标 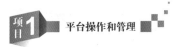，弹出保存页面，如图 1-13 所示，输入作品名，单击"保存"按钮，提示保存成功，即可完成 H5 作品的保存。

图 1-12　添加文本

图 1-13　保存作品

（4）预览 H5 作品。单击工具栏中的"预览"图标，即可在 PC 端预览作品，如图 1-14 所示。单击工具栏中的"通过二维码共享"图标，弹出共享页面，如图 1-15 所示，页面中有预览地址及对应的二维码，用户可以使用移动终端扫描二维码预览作品，也可以通过链接地址预览作品。移动端预览未发布作品时，页面左上角会有"预览链接 请勿传播"字样的角标，当作品发布后，则不会出现角标。

图 1-14　PC 端预览作品

图 1-15　通过二维码共享页面

2．管理 H5 作品

单击右上角用户下拉菜单中的"我的作品"，即可看到所有的 H5 作品。当鼠标指针经过某个作品，可对当前作品进行编辑或管理，如图 1-16 所示。

（1）预览。当单击"预览"按钮后，跳转到预览页面，如图 1-17 所示。

（2）编辑。当单击"编辑"按钮后，重新打开专业版编辑器，重新编辑当前作品。

（3）发布。目前 Mugeda 免费用户只有 5 次作品发布次数，当单击"发布"按钮后，跳转到发布动画页面，如图 1-18 所示。免费用户的作品需经审核才能查看，审核时间为 30 分钟，重新发布需重新审核。已发布作品后，作品列表中当前作品右上角会出现"已发布"角标，如图 1-19 所示。

图 1-16　作品管理页面　　　　　　　　　图 1-17　预览页面

图 1-18　发布动画页面　　　　　　　　　图 1-19　已发布作品

（4）查看数据。单击图 1-16 中的"数据"，页面跳转至数据页面，显示作品相关的统计数据、用户数据、内容分析等信息。

（5）转为模板。单击图 1-16 中的"转为模板"，可选择"转为私有模板"或"售卖模板"。选择"转为私有模板"，弹出"转换为模板"界面，如图 1-20 所示，可单击"我的模板"进行查看。"售卖模板"目前不对免费用户开放。

图 1-20　转为私有模板

（6）推广案例。单击"推广案例"，跳转至加入空间页面，在此页面下可以设置封面、标题、场景、功能等信息。单击"确定"后完成作品的推广，等待后台管理员审核后，在 Mugeda 官网主页的"案例"页面中出现，表示作品已推广。

任务3 H5 动画制作初体验——科比个人资料

【任务描述】

我们开始制作第一个"个人介绍"的 H5 作品，我们以篮球巨星科比为例，展示其个人基本情况，作品效果图如图 1-21 所示，手机扫描二维码预览作品。

科比个人资料

图 1-21 "科比"个人介绍页面

【任务要求】

熟悉平台的编辑界面，掌握常见的属性操作，掌握素材库的使用，掌握文本工具的使用。

【知识链接】

新建 H5 作品，进入作品编辑界面，常用工具如图 1-22 所示。

1. 文档信息设置

（1）转发信息设置。在"文件"菜单中，包含对文件和文件资源管理的命令，其中我们经常用到文档信息的设置，通常在转发作品链接时显示作品的相关信息。单击"文件"→"文档信息"，弹出"文档信息选项"对话框，如图 1-23 所示。在对话框中可以设置"转发标题""转发描述""内容标题""预览图片"等信息。

（2）适配设置。

1）渲染模式：下拉列表中设置了 4 种模式，如图 1-24 所示，如无特殊要求，一般选择"标准"。

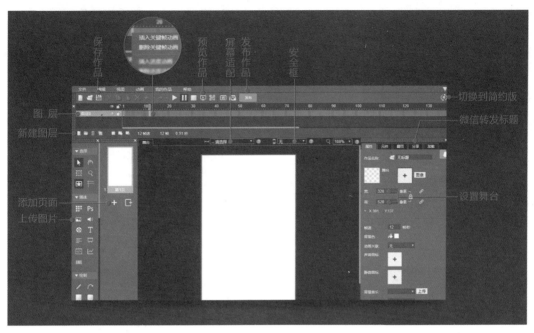

图 1-22　常用工具介绍

图 1-23　"文档信息选项"对话框

2）自适应设置：下拉列表中包含了 6 种模式，在编辑界面中也提供了自适应设置选择框，如图 1-25 所示，用户可以根据需要选择一种模式（常用到"宽度适配，垂直居中"模式）。如果浏览作品时，页面上下出现空白，可以选择"覆盖"或"全屏"模式，但可能会对页面元素进行拉伸。用户也可以结合自己的移动终端手机型号来选择适配方式。

3）旋转模式：下拉列表中包含了 3 种模式，如图 1-26 所示，通常竖屏作品选择"默认"，如果作品为横屏显示，需要设置为"强制横屏"。

图 1-24　渲染设置

图 1-25　自适应设置

图 1-26　旋转模式

2．页面栏

H5 动画通常会制作多个页面，对页面的操作主要在"页面栏"。每个页面图标上有 6 个按钮，其功能如图 1-27 所示。

需要注意的是，此处的"预览"是单个页面预览，而工具栏中的"预览"总是从第一页开始预览。

图 1-27　页面栏

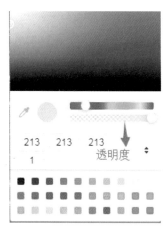

图 1-28　颜色面板

3．常用属性设置

1）基础属性，包括"宽""高""左""上"，其中"左"和"上"表示选择对象在舞台中距离左上角的坐标值。

2）颜色设置，主要包括填充色和边框色，填充色可以设置"纯色""线性""放射"三种模式，边框色默认宽度为 1 像素。颜色面板如图 1-28 所示，如果只设置填充色，可以在颜色面板中将边框色透明度设置为 0；同理，如果只设置边框色，在颜色面板中设置填充色透明度为 0。按住 Alt 键，可以吸取颜色。

【任务实施】

1．首页制作

（1）打开"我的作品"，选择任务 2 中的"个人介绍"H5 作品，单击"编辑"按钮，进入平台编辑器页面，在左侧"媒体"工具箱中单击素材库图标▦，弹出"素材库"对话框。

（2）在"私有"栏目下，添加文件夹，命名为"个人介绍"，如图 1-29 所示。单击右侧"+"号按钮，打开"上传图片"对话框，将背景素材图片拖到下方列表中，显示绿色虚线边框线则松开鼠标，单击"确定"按钮，完成上传图片，如图 1-30 所示。

图 1-29　素材库

图 1-30　上传图片

（3）返回到素材库界面，选择"背景图框"，单击"添加"按钮，如图 1-31 所示，将图片添加到舞台中。

图 1-31　添加图片

（4）选择"背景图框"，在右侧属性面板中调整参数，如图 1-32 所示，调整图片位置，使其在舞台中间。

图 1-32　背景图片属性

图 1-33　文本颜色设置

（5）继续添加人物素材图片，调整图片大小和位置。

（6）单击"媒体"工具箱中的文本工具 T ，创建文本。分别输入文本后，在右侧属性面板中调整文字属性，包括文字字体、字号、颜色、宽高和位置，具体参数如图1-33和图1-34所示。页面效果如图1-35所示。

图 1-34　文本字体设置　　　　图 1-35　添加图片和文本后的舞台

（7）在"绘制"工具箱中，单击直线按钮 ，在页面中绘制直线作为分割线，在属性面板中修改直线颜色和类型（调整为灰色虚线），如图1-36所示。复制多条直线，单击"选择"工具箱中的"变形"工具 ，框选所有直线，右击并选择"对齐"→"左对齐""均分高度"，调整直线位置，如图1-37所示。

图 1-36　直线属性设置

图 1-37　对齐直线

（8）继续添加文本内容，完成第一个页面，保存作品，预览效果如图 1-38 所示。

2. 其他页面制作

（1）因第一页与第二页页面背景相同，在页面栏中单击复制按钮，如图 1-39 所示，添加第二页，或者新建空白页，参考前面步骤设置背景。

图 1-38 第一页效果图

图 1-39 页面栏复制页面

（2）删除多余元素，添加素材。完成第二、第三页，效果如图 1-40 和图 1-41 所示。

图 1-40 第二页效果图

图 1-41 第三页效果图

（3）翻页设置。打开右侧"翻页"面板，设置 H5 作品翻页效果，如图 1-42 所示。保存作品，预览效果，填写文档信息，如图 1-43 所示，设置适合自己手机的适配设置，完成整个作品。

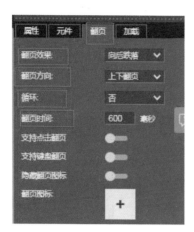

图 1-42　翻页设置　　　　　　　　　　图 1-43　文档信息设置

项目拓展

1．制作自己的"个人介绍"H5 页面，横版或竖版均可。第一页包含个人照片和基本信息，第二页介绍个人爱好或配图，自由设计，更好地展示个人风采。

2．制作一个介绍你的学校的 H5 动画作品。

思考与练习

1．简述什么是 H5 动画以及它的特点。

2．简述你所知道的 H5 制作平台，以及与 Mugeda 平台相比的优缺点。

项目 **2**

基础动画制作

项目导读

　　如何利用 Mugeda 平台使我们绘制或导入的素材动起来呢？我们知道动画三要素为：对象、时间、属性改变。那么，只要具备了这三个条件，一个简单的动画即可实现。我们利用 Mugeda 平台中的预置动画功能便可完成。如果想做得再复杂一点，我们必须先来搞清几个概念——时间轴、图层、帧和关键帧；进而，我们一起来了解物体运动动画和镜头运动动画的实现。

教学目标

　　★掌握预置动画的制作方法。
　　★掌握加载页的制作和常用设置。
　　★掌握时间轴、图层、帧和关键帧的概念。
　　★掌握帧动画的制作原理，了解物体运动帧动画原理和制作方法。
　　★掌握关键帧的操作，了解运动镜头帧动画原理和制作方法。

任务 **1** 预置动画——战疫情

战疫情

【任务描述】

　　2020 年 1 月，突如其来的新冠肺炎疫情在我国武汉爆发，一时间各大媒体竞相报道，其中也不乏 H5 作品形式。利用 Mugeda 平台中的预置动画功能，可以简单、快速地制作出具有动画效果的 H5 作品。下面我们以"战疫情"防疫作品为例，具体讲解一下预置动画的制作方法。作品效果图如图 2-1 所示，手机扫描二维码即可预览作品。

图 2-1　"战疫情"防疫作品

【任务要求】

掌握预置动画的制作方法。

【知识链接】

1. 作品创作前，素材要求

（1）图片素材：大小一般控制在 100KB 以内；推荐压缩网站 https://tinypng.com/。

（2）声音素材：MP3 格式，时间一般控制在 30 ～ 40s，大小 1MB 以内为宜，可设置循环播放。推荐软件 Audacity、Adobe Premiere。

（3）视频：MP4 格式，大小 20M 以内为宜。推荐软件 Freemake Video Converter、Adobe Premiere。

相关参数设置：转码器为 H.264，音频为 AAC。

（4）安全框：为了方便设计师更好地编辑内容，防止内容在设备上超出可见显示范围（安全框），Mugeda 支持显示屏幕适配范围辅助线。在舞台的右上角，可以通过选择屏幕适配方式和设备类型来在舞台上显示屏幕适配范围辅助线，如图 2-2 所示。

注意：平时操作可不显示安全框，但注意在舞台的上下边缘留出安全距离。

2. 添加预置动画的方法

（1）选中素材，图片右下角出现两个按钮（一个红色，一个黄色），红色按钮即为添加预置动画按钮，如图 2-3 所示。

（2）添加预置动画。单击添加预置动画按钮，弹出"添加预置动画"对话框，其中包括进入、强调、退出 3 种动画类型，将鼠标指针指向某一动画类型，即可预览当前效果，如图 2-4 所示。

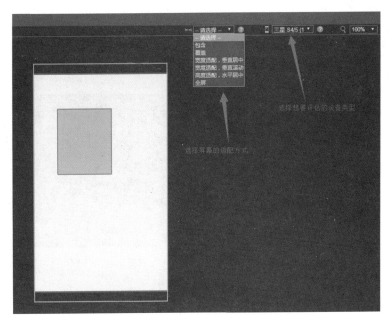

图 2-2　屏幕适配范围辅助线

图 2-3　添加预置动画按钮

图 2-4　"添加预置动画"对话框

（3）设置动画时长与延迟。预置动画添加完成后，图片右下角会增加一个或多个蓝色按钮，如图 2-5 所示。单击蓝色按钮会弹出"动画选项"对话框，可再次对预置动画的时长、延迟、方向等参数进行设置，如图 2-6 所示。

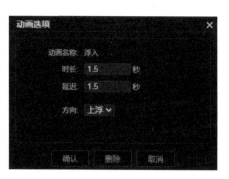

图 2-5　预置动画添加完成　　　　　　　图 2-6　"动画选项"对话框

【任务实施】

1. 新建作品，导入素材

（1）新建一个 H5 作品，进入平台编辑器页面，在左侧"媒体"工具箱中单击素材库图标，弹出"素材库"对话框，单击"添加文件夹"，命名为"战疫情"，如图 2-7 所示。

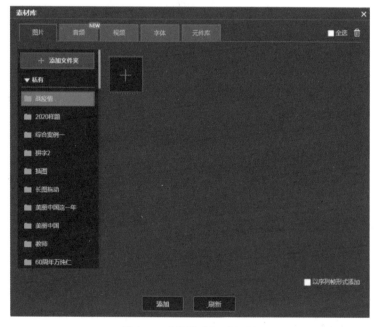

图 2-7　"素材库"对话框

（2）将本任务的素材全选后，批量拖动至"上传图片"对话框，如图 2-8 和图 2-9 所示。待最后一张图加载完毕后，单击"确定"按钮，如图 2-10 所示。

图 2-8　上传图片

图 2-9　批量拖动

图 2-10　图片加载

（3）按住 Ctrl 键，选中多个所需素材并批量导入至舞台，如图 2-11 所示。

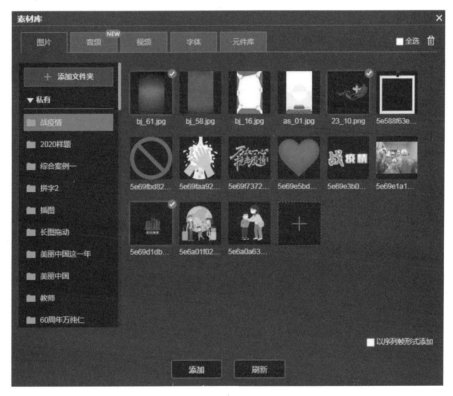
图 2-11　批量导入

2. 首页制作

（1）调整素材的位置与大小。选中素材，单击"选择"工具箱中的"变形"工具，并参照图 2-12 对素材进行排版。

（2）添加与编辑文字。单击"媒体"工具箱中的文字工具 **T**，创建文本，分别输入"众志成城，共抗疫情"，在右侧属性面板中调整文字属性，包括字体、大小、字间距等，具体参数如图 2-13 所示，页面效果如图 2-14 所示。

（3）设置预置动画。选中图片素材，单击图片右下角添加预置动画按钮，具体操作步骤参见【知识链接】。根据任务规划，首页所涉及素材的预置动画效果见表 2-1。

图 2-12　素材排版

图 2-13　属性面板

图 2-14　页面效果

表 2-1　首页预置动画规划表

素材	预置动画	动画选项		
		时长	延迟	方向
	水平劈裂	1.5s	0s	
	浮入	1.5s	0.5s	上浮

续表

素材	预置动画	动画选项		
		时长	延迟	方向
	浮入	2s	1.5s	上浮
众志成城	浮入	1.5s	1.5s	上浮
共抗疫情	浮入	1.5s	2.5s	上浮

3. 第二页制作

（1）导入背景素材，如图 2-15 所示。设置预置动画参数，如图 2-16 所示。

图 2-15 导入背景素材

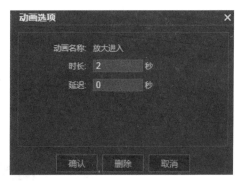

图 2-16 预置动画参数

（2）单击"媒体"工具箱中的文字工具 T，创建文本框，输入第一行文字，设置文本参数如图 2-17 所示。

图 2-17 文本参数

（3）设置第一行文字预置动画效果为"浮入"，延迟 1s。选中文本，按 Ctrl+C 组合键复制，再按 Ctrl+V 组合键粘贴 6 个文本框，把最后一个文本框拖动至页面适当位置。将所有文本框全选，单击鼠标右键，弹出快捷菜单，选择"对齐"→"左对齐""均分高度"命令，如图 2-18 所示。然后，按效果图输入其余文本框中的内容，并将动画延迟依次累加 0.5s。

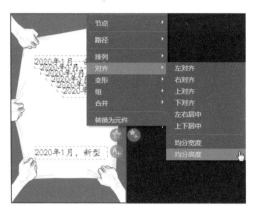

图 2-18　快捷菜单

4. 第三页制作

（1）在左侧"媒体"工具箱中，单击素材库图标⊞，导入相关素材。排版效果如图 2-19 所示。

图 2-19　排版效果

（2）根据任务规划，第三页所涉及素材的预置动画效果见表 2-2。

表 2-2　第三页预置动画规划表

素材	预置动画	动画选项	
		时长	延迟
战疫情	缓入	2s	0s
	悬摆	2s	0s
	缓入	1.5s	2s

5. 第四、五、六页制作

（1）在左侧"媒体"工具箱中，单击素材库图标，导入相关素材。排版效果如图2-20～图2-22所示。

图 2-20　第四页　　　　图 2-21　第五页　　　　图 2-22　第六页

（2）根据任务规划，第四、五、六页所涉及素材的预置动画效果见表2-3。

表 2-3　第四、五、六页预置动画规划表

素材	预置动画	动画选项		
		时长	延迟	方向
	随机线条	1.5s	0s	
出门戴口罩	缓入	1.5s	0.5s	
	浮入	1.5s	1.5s	上浮
少外出	缓入	1.5s	0.5s	
	浮入	1.5s	1.5s	上浮
	放大进入	1.5s	2.5s	
勤洗手	缓入	1.5s	0.5s	
	浮入	2s	0.5s	上浮

6. 第七页制作

（1）在左侧"媒体"工具箱中，单击素材库图标▦，导入相关素材，排版效果如图
2-23 所示。

（2）背景制作参见第四、五、六页。

（3）文字制作参见第二页。

（4）"万众一心，抗击疫情"预置动画参数设置如图 2-24 所示。

图 2-23　第七页

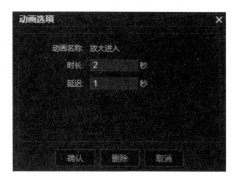

图 2-24　预置动画参数设置

7. 添加背景音乐

为了调动受众视听体验，我们给作品加入适当的背景音乐来更好地烘托主题。下面
介绍添加背景音乐的方法。

（1）单击舞台外部区域，在右侧"属性面板"中找到"背景音乐"/"添加"按钮，
如图 2-25 所示。

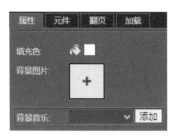

图 2-25　属性面板

（2）单击"背景音乐"/"添加"按钮，弹出"素材库"对话框，如图 2-26 所示。
在"私有"栏目下，添加文件夹，上传音频文件即可。方法与上传图片方法类似，在
此不再多加描述。

8. 保存作品

保存作品，预览效果，填写文档信息，如图 2-27 所示，设置适当的适配方式，完成
整个作品的制作。

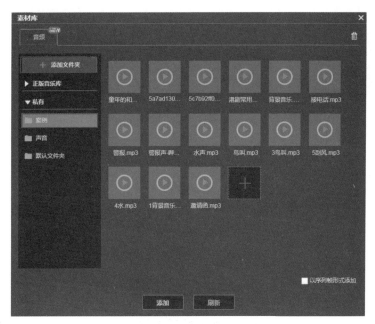

图 2-26　上传音频

图 2-27　文档信息设置

任务 2　物体运动动画——端午情

端午情

【任务描述】

端午节是中国的传统节日，自古就有划龙舟、吃粽子的习俗。下面我们以"端午情"H5作品为例，具体讲解物体运动动画的制作方法。作品效果图如图 2-28 所示，手机扫描二维码即可预览作品。

图 2-28 "端午情" H5 作品

【任务要求】

掌握帧动画的制作原理，了解物体运动帧动画原理和制作方法。

【知识链接】

1. 时间轴

时间轴是制作物体运动动画的关键工具。简单地说，时间轴是由一组垂直堆叠的轨道构成的，如图 2-29 所示。这些轨道中可以分别排列动画、图片、音视频等。创作者可以利用时间轴对动画的起始时间及关键点进行控制，以得到想要的效果。

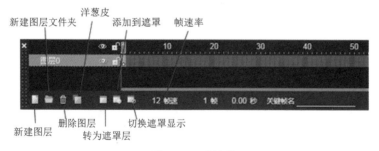

图 2-29 时间轴

2. 图层

图层的概念和 Photoshop 中的是一样的，就像一层透明的玻璃纸一样，大家都不陌生，在此不加赘述。

3. 帧和关键帧

实际上动画、视频都是由许多连续的静态画面组成的，每一个静止的画面就叫作一帧，而关键帧就是物体运动变化关键动作所处的那一帧，在时间轴上的显示如图 2-30 所示。

图 2-30　帧和关键帧

【任务实施】

1. 上传 PSD 文件并导入至舞台

在左侧"媒体"工具箱中单击导入 Photoshop（PSD）素材图标 **Ps**，弹出"导入 Photoshop（PSD）素材"对话框，将"端午.psd"文件拖动至如图 2-31 所示提示处，释放鼠标上传。

图 2-31　"导入 Photoshop（PSD）素材"对话框

上传完成后，单击 ▶ 图标，展开 PSD 文件，按住 Ctrl 键，选中需要导入的图层后，单击 📁 图标，新建文件夹并命名为"端午情"，单击"分层导入"按钮，如图 2-32 所示，即会在时间轴自动创建多个图层。

2. 图层重命名

从下往上依次在图层名处单击，将图层命名成比较直观的名字，如图 2-33 所示。

3. 定义动画时长

选中所有图层，在第 80 帧处按 F5 键插入帧。

图 2-32　分层导入 PSD 素材

4．制作预置动画

　　分别选中左右两侧文字，设置预置动画为"移入"，时间依次延迟 0.5s，如图 2-34 所示。

图 2-33　图层重命名

图 2-34　左右文字

5．制作落叶图层关键帧动画

　　分别选中左右两侧落叶所在图层，单击鼠标右键，选择"插入关键帧动画"，分别选中落叶起始帧，将落叶拖动至适当位置。落叶图层时间轴样式如图 2-35 所示。

图 2-35　落叶图层时间轴样式

6．制作船图层关键帧动画

　　分别选中左右船所在图层，单击鼠标右键，选择"插入关键帧动画"，分别选中船起

始帧，将船拖动至适当位置后，将第一帧的船适当缩小并旋转一定角度。船起始帧样式如图 2-36 所示。

图 2-36　船起始帧样式

7. 制作端午图层关键帧动画

选中端午图层，将第一个关键帧拖动至第 40 帧的位置，然后单击鼠标右键，选择"插入关键帧动画"，将第 40 帧的"端午"文字垂直移出舞台，将最后一个关键帧拖动至第 70 帧处。端午图层时间轴样式如图 2-37 所示。

图 2-37　端午图层时间轴样式

8. 保存作品

保存作品，预览效果，填写文档信息，如图 2-38 所示，设置适当的适配方式，完成整个作品的制作。

图 2-38　文档信息设置

定制加载页

任务 3 加载页制作——定制加载页

【任务描述】

2021 年为中国共产党建党 100 周年。在举国欢庆建党 100 周年之际，涌现出众多宣传形式。本任务节选自"闪电新闻 H5"真实案例——"听歌声里的党史"，在动画加载过程中，展示与 H5 作品主题相关的加载页。本任务利用 Mugeda 的加载页设置，制作出定制主题的加载页。本任务加载页如图 2-39 所示，页面预览二维码如图 2-40 所示。

图 2-39 加载页效果

图 2-40 作品预览二维码

【任务要求】

掌握 Mugeda 加载页的设置，掌握关键帧动画的制作，掌握首页作为加载页的制作。

【知识链接】

加载页的设置方式主要有如下几种。

1. 默认方式

新建一个 H5 作品，在"属性"面板中单击"加载"标签，打开即为"默认"样式，默认预览效果如图 2-41 所示。

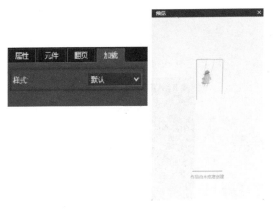

图 2-41　"默认"样式和预览效果

2. 百分比

在"属性"面板中单击"加载"标签，选择"百分比"样式，如图 2-42 所示。在打开作品时，会出现 0 ～ 100% 的加载进度提示，如图 2-43 所示。

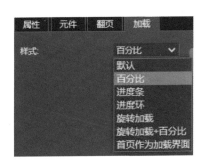

图 2-42　"百分比"样式

图 2-43　预览效果

3. 进度条

在"属性"面板中单击"加载"标签，选择"进度条"样式，如图 2-44 所示。在打开作品时，会出现加载进度条样式，默认进度条样式如图 2-45 所示。面板中的相关参数均可根据设计需要进行修改，如图 2-46 所示。

4. 进度环、旋转加载等

进度环、旋转加载等的样式设置与参数修改与进度条类似，在此不再赘述。选择方式如图 2-47 所示。

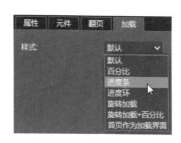
图 2-44　"进度条"样式

图 2-45　预览效果

图 2-46　相关参数

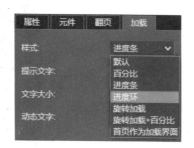
图 2-47　"加载"选项卡

5. 首页作为加载页

"首页作为加载页"即可在首页完成自定义动画后，将首页设置为加载页，从而使加载页的样式更具有灵活性、多样性与创造性。

温馨提示：加载页的设计要生动、有趣、简短，与浏览内容关系密切，要让用户感觉温馨。如果在加载页中使用动画效果，会给用户带来较好的"等待"体验。要注意的是加载页的设计不要太过复杂，否则占用较大的运行空间，会影响加载速度，从而影响用户体验。此外，可以利用加载页来展示品牌或有趣的创意等。

【任务实施】

1. 新建 H5 作品，导入素材文件

新建一个 H5 作品，进入平台编辑器页面，在左侧"媒体"工具箱中单击素材库图标，弹出"素材库"对话框，单击"添加文件夹"，重命名并上传图片素材，如图 2-48 所示。

图 2-48　素材库

2．设置加载页

加载页中，唱片图片旋转并带有加载进度文字百分比，因此可以设置 Mugeda 自带样式效果"旋转加载＋百分比"，设置文字颜色、进度颜色、背景颜色，添加"前景图片"为唱片图片，设置图片位置和图片宽度，如图 4-49 所示。加载页预览效果如图 4-50 所示。

但是此时的加载页并不能添加"唱针"图片素材，并且加载进度文字处于旋转的唱片中，无法自由设置进度文字位置，最终预览效果差强人意。

图 2-49　加载页设置

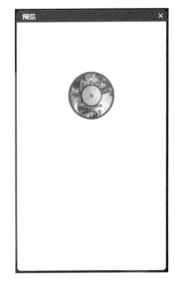

图 2-50　加载页效果

3．制作加载页动画

由于 Mugeda 自带的加载样式效果差强人意，因此我们创建一个页面，定制加载页。

（1）在舞台中页面内，将"唱片"图片素材从"素材库"添加至舞台中，将"图层0"重命名为"唱片"；新建图层并重命名为"唱针"，将图片素材添加至舞台中，如图2-51所示。

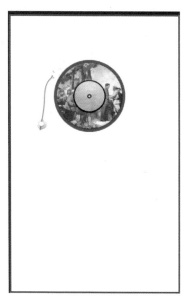

图2-51　添加图片

（2）选择"唱针"图层，选择第10帧，按F5键插入帧，单击"动画"菜单，选择"插入关键帧动画"。

（3）选择"变形"工具▦，组合后，按住Ctrl键，将图片旋转中心点拖至左下角，如图2-52所示。选择第10帧，将唱针向右下旋转一个角度，放置于唱片中，如图2-53所示；选择第80帧，按F5键插入帧，延长动画到80帧，时间轴如图2-55所示。

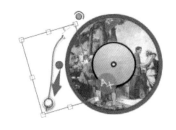

图2-52　拖动中心点

图2-53　第10帧

（4）选择"唱片"图层，在第10帧按F6键插入关键帧；选择第80帧，按F5键插入帧，在10～80帧之间，右击并选择"插入关键帧动画"；选择第80帧，将"旋转"属性改为180，如图2-54所示。图层时间轴如图2-55所示。

（5）新建图层并重命名为"进度"，选择"文本"工具𝐓，在舞台中图片下方添加文本，设置适当的文本宽度和高度，设置文本填充色为红色，如图2-56所示。

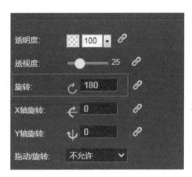

图 2-54　唱片第 80 帧旋转属性

图 2-55　图层时间轴

图 2-56　文本属性设置

（6）选择文本对象，在"属性"面板中选择"专有属性"中的"预置文本"，设置为"当前加载进度百分数"，此时文本取值为"P{{load_percent}}"，在文本取值最后添加"%"，如图 2-57 所示。首页页面效果如图 2-58 所示。

图 2-57　设置文本专有属性

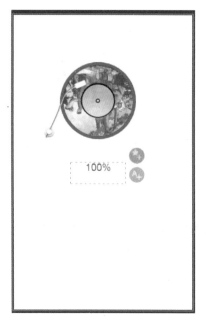

图 2-58　首页页面效果

4. 设置首页作为加载页

选择"加载"面板，设置加载样式为"首页作为加载页"，如图 2-59 所示。

图 2-59　设置首页作为加载页

新建页面，将"素材库"中的"首页面"图片放置到舞台中，作为加载页之后的第一个页面。保存作品，设置文档信息，点击 预览效果。

一镜到底效果

任务 **4** 镜头运动动画——一镜到底效果

【任务描述】

新冠肺炎疫情期间,医务工作者不顾个人安危,舍小家顾大家,奋战在一线,他们是"最美的逆行者"。下面以"致敬逆行者"为主题,运用运动镜头帧动画,具体讲解镜头运动动画的制作方法。作品效果图如图 2-60 所示,手机扫描二维码即可预览作品。

【任务要求】

掌握关键帧动画的操作,掌握变形工具的使用,了解运动镜头帧动画原理和制作方法。

图 2-60 "致敬逆行者" H5 作品

【知识链接】

1. 变形工具的应用

（1）变形工具。在"选择"工具箱中选择"变形"工具 ⊞，可以对舞台中的对象进行变形操作。选中舞台中的对象，对象周围出现控制点，拖动四周的控制点可以调整对象的宽度和高度，拖动右上角控制点可以旋转对象，对象重心的绿色圆形即为旋转中心点，如图 2-61 所示。

图 2-61 变形工具控制点

（2）旋转对象。当拖动旋转控制点时，对象围绕旋转中心点旋转，旋转过程中按住 Shift 键，可以 15° 为增量进行旋转。

旋转中心点默认为对象的中心，在 Mugeda 平台中，如果要调整旋转中心点的位置，则必须要将对象进行组合。选择对象，右击并选择"组"→"组合"，在属性面板中可观察到对象已经变为"组"，如图 2-62 所示。

图 2-62　组合

对象组合以后，使用"变形"工具，按住 Ctrl 键，拖动中心点的绿色圆形，即可改变对象的旋转中心点，如图 2-63 所示。

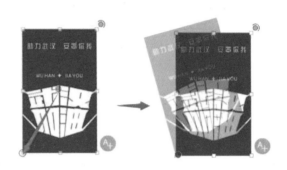

图 2-63　改变旋转中心点

2. 复制对象

剪切、复制、粘贴操作是日常最为常见的操作，"剪切"的快捷键为 Ctrl+X，"复制"的快捷键为 Ctrl+C，"粘贴"的快捷键为 Ctrl+V。

在动画制作过程中，我们经常会用到"粘贴"操作，但是在 Mugeda 平台中，"粘贴"对象时，会默认将对象向右下方粘贴，如图 2-64 所示；如果要在原位置坐标处粘贴对象，快捷键为 Ctrl+Shift+V，如图 2-65 所示。

Ctrl+V 向右下方粘贴图

图 2-64　默认粘贴效果

Ctrl+Shift+V
两个图形重合

图 2-65　原位粘贴

【任务实施】

1. 新建作品，导入素材

新建一个 H5 作品，进入平台编辑器页面，在左侧"媒体"工具箱中单击素材库图标，弹出"素材库"对话框，单击"添加文件夹"，命名为"致敬逆行者"并上传图片素材。如图 2-66 所示。

图 2-66 素材库

2. 制作加载页

分析"致敬逆行者"这一主题，我们选用"进度条"样式，插入一张符合主题的背景图片，制作作品加载页。设置面板如图 2-67 所示，预览效果如图 2-68 所示。

图 2-67 加载页设置参数

图 2-68 预览效果

3. 制作内容部分

（1）制作图层 0。

1）将"图层 0"重命名为"首页"，选中第 1 帧，打开"素材库"，选中名为"首页"的素材，添加至舞台，并适当调整图片大小。

2）选中第 30 帧，按 F5 键插入帧，右击并"插入关键帧动画"，将第 30 帧图片缩小至适当比例，如图 2-69 所示。

图 2-69　"首页"图层关键帧动画

（2）制作图层 1。

1）新建"图层 1"并移至"首页"层的下层，重命名为"致敬"。选中第 1 帧，将名为"致敬"的图片添加至舞台，并适当调整图片大小。

2）选中第 60 帧，按 F5 键插入帧，将该图层动画延长至 60 帧。

3）选中第 30 帧，按 F6 键插入关键帧，选择"首页"图层的第 30 帧图片并复制，选择"致敬"图层的第 30 帧，按 Ctrl+Shift+V 组合键原位粘贴，对两个图片单击鼠标右键，选择"组合"。

4）在 31 ～ 60 帧之间，右击并"插入关键帧动画"。选中第 60 帧，将第 60 帧图片组合缩小至适当比例大小。

动画效果：1 ～ 30 帧"首页"图片变小后，31 ～ 60 帧"首页"图片和"致敬"图片一起开始变小。"致敬"图层关键帧动画如图 2-70 所示。

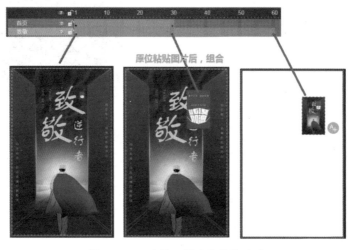

图 2-70　"致敬"图层关键帧动画

（3）制作图层 2 和图层 3。依照制作"致敬"图层相同的方法，制作图层 2 和图层 3，其时间轴样式如图 2-71 所示。

图 2-71　时间轴样式

（4）制作图层 4 和图层 5。

新建"图层 4"移至最下层，并重命名为"漫画"。选中第 135 帧，按 F6 键插入关键帧，将名为"漫画"的图片添加至舞台，并适当调整图片大小。

选中第 210 帧，按 F5 键插入帧，右击并"插入关键帧动画"。

选中第 180 帧，按 F6 键插入关键帧。

新建"图层 5"移至最下层，并重命名为"在行动"。选中第 90 帧，按 F6 键插入关键帧，将名为"在行动"的图片添加至舞台，并适当调整图片大小。

选中第 180 帧，按 F5 键插入帧。

选中"漫画"图层，选中第 135 帧，将图片调整至适当大小，如图 2-72 所示。选中第 210 帧，将图片旋转 -8°，并调整至适当大小，如图 2-73 所示。

图 2-72　第 135 帧效果

图 2-73　第 210 帧效果

（5）制作图层 6、图层 7 和图层 8。依照制作图层 4 和图层 5 相同的方法，制作图层 6、图层 7 和图层 8，其时间轴样式如图 2-74 所示。

图 2-74　时间轴样式

4. 预览、保存并发布作品

按照上述步骤完成作品制作后，可单击工具栏中的预览按钮，预览无误后，保存并发布作品。

 项目拓展

1. 制作自己的"个人简历"H5 页面,适当运用预置动画,为自己的简历增光添彩吧！

2. 以"中秋"为主题，制作物体运动动画，传达"月圆人圆"的团圆之情。

3. 以"美丽中国"为主题，运用镜头运动动画制作方法，完成 H5 作品制作。

 思考与练习

1. 如何制作迷雾散开动画效果？

2. 在一镜到底动画效果中，如何将图片缩小后停顿一会，再继续下一镜头的缩放？

项目 **3**

特型动画制作

项目导读

　　利用 Mugeda 平台，除了可以制作帧动画和预置动画外，还可以制作多种特型动画，如路径动画、进度动画、变形动画、遮罩动画、元件动画、关联动画等。我们可以根据实际应用需求，选择适当的动画，进行综合设计创作。

教学目标

　★掌握路径和节点的原理和操作方法，掌握路径动画的制作方法。

　★掌握进度动画的原理和类型，掌握不同类型进度动画的制作方法。

　★掌握矢量工具的使用，掌握变形动画的基本原理和制作方法。

　★掌握遮罩的原理和设置操作，掌握图层的基本操作，掌握遮罩动画的制作方法。

　★掌握元件动画的制作方法。

　★掌握关联动画的基本原理和制作方法。

 任务 1 路径动画制作——文化中国之清明

文化中国之清明

【任务描述】

　　清明节是传统的重大春祭节日。扫墓祭祀、缅怀祖先，是中华民族自古以来的优良传统，不仅有利于弘扬孝道亲情、唤醒家族共同记忆，还可促进家族成员乃至民族的凝聚力和认同感。清明节融汇自然节气与人文风俗为一体，是天时地利人和的合一，充分体现了中华民族先祖们追求"天、地、人"的和谐合一，讲究顺应天时地宜、遵循自然规律的思想。下面我们以"清明"为主题，具体讲解一下路径动画的制作方法。作品效果图如图 3-1 所示，手机扫描二维码即可预览作品。

图 3-1　"清明" H5 作品

【任务要求】

掌握路径和节点的原理和操作方法，掌握路径动画的制作方法。

【知识链接】

1. 节点工具

（1）在左侧"绘制"工具箱中单击矩形工具![矩形]，在舞台上绘制一个矩形。

（2）选中矩形，在左侧"选择"工具箱中单击节点工具![节点]，矩形周围会产生四个节点，如图 3-2 所示。

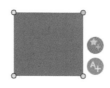

图 3-2　节点

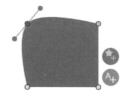

图 3-3　节点上的方向线

（3）选中任一节点，单击鼠标右键，选择"重置选中节点"，再单击节点，即可看到节点上的方向线，如图 3-3 所示。按住 Ctrl 键，可同时调整左右两侧的方向线；按住 Alt 键，可分别调整左右两侧的方向线。

2. 新增节点和删除节点

（1）新增节点。新增节点时，首先用"节点"工具选择一个节点，右击并选择"节点"→"添加节点（细分）"，即可新增一个节点，如图 3-4 所示；也可以按 Ctrl 键同时选择多个节点，执行"添加节点（细分）"，同时新增多个节点，如图 3-5 所示。

图 3-4　新增节点操作

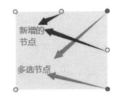

图 3-5　新增多个节点

图 3-6　删除节点

（2）删除节点。用"节点"工具选择要删除的节点，右击并选择"删除选中节点"，即可完成删除节点，也可以同时删除多个节点，如图 3-6 所示。

3. 自定义路径

路径相关操作一般应用于关键帧动画中，实现让某个对象按照设定路径进行运动的动画。

（1）在舞台中绘制一个图形，在第 1 ～ 40 帧之间创建关键帧动画，如图 3-7 所示，分别在第 10、20、30 帧按 F6 键创建关键帧。

图 3-7　绕圈动画时间轴

在舞台中选定图形，右击并先选择"路径"→"自定义路径"，如图 3-8 所示。

此时仍不能看出有任何变化，然后分别选择第 10、20、30 帧，将图形移动至适当位置，此时可以看到有一条路径连接每个关键帧的图形，每个关键帧的图形位置和路径如图 3-9 所示。

图 3-8 设置"自定义路径"

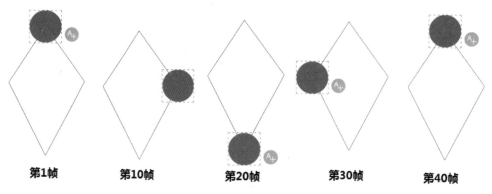

第1帧   第10帧   第20帧   第30帧   第40帧

图 3-9 关键帧的图形位置和路径

播放动画,圆形沿着上述路径开始运动。使用"节点"工具,选择路径,右击并选择"节点"→"重置选择节点",可以对路径进行调整,如图 3-10 所示,可以实现图形绕圈运动。

图 3-10 调整路径节点

4. 切换路径显示

上述路径动画的舞台中是可以看到路径的,如果不想显示路径,可以右击并选择"路径"→"切换路径显示",即可切换路径的显示和隐藏状态,动画不受影响。

【任务实施】

1. 新建作品,导入素材

新建一个 H5 作品,进入平台编辑器页面,在左侧"媒体"工具箱中单击素材库图

标 ，弹出"素材库"对话框，单击"添加文件夹"，命名为"清明"并上传素材，如图 3-11 所示。

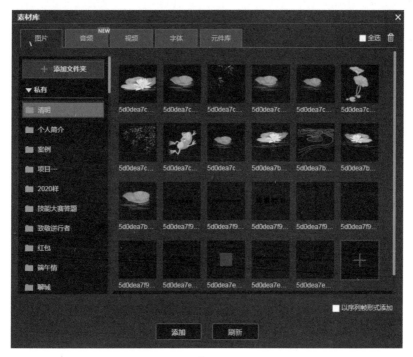

图 3-11 "素材库"对话框

2. 新建图层，定义动画播放时间

（1）依次新建图层并重命名，将相应素材放入不同图层中，如图 3-12 所示。各图层第一帧效果如图 3-13 所示。

图 3-12 图层面板

图 3-13 各图层第一帧效果

（2）在第 80 帧的位置，选中所有图层，按 F5 键插入帧，延长动画播放时间。

3. 制作"大莲"图层、关键帧动画

选中"大莲"图层，右击并选择"插入关键帧动画"，选中第40帧，按F6键插入关键帧。选择工具箱中的"变形"工具，按住Ctrl键，将绿色旋转中心点移至大莲底部，如图3-14所示，并设置旋转角度为-6°。选中第80帧，设置旋转角度为12°，呈现出莲花左右轻摆动画效果。

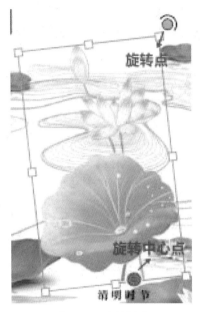

图 3-14　旋转操作

4. 制作青蛙、燕子路径动画

（1）选中"青蛙"图层，制作路径动画。右击并"插入关键帧动画"，分别选中第20、40、60帧，按F6键插入关键帧，将青蛙移动到合适的位置。选中青蛙，右击并选择"路径"→"自定义路径"，再调整各关键帧节点，如图3-15所示。

图 3-15　青蛙运动路径

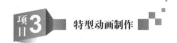

（2）按上述步骤同样的方法，制作"燕子"图层路径动画。时间轴如图 3-16 所示，飞行路径如图 3-17 所示。

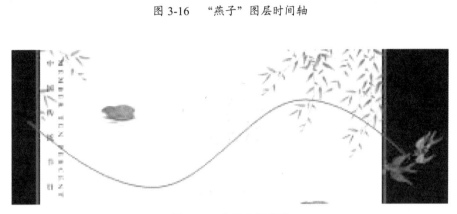

图 3-16 "燕子"图层时间轴

图 3-17 燕子飞行路径

5. 制作关键帧动画

分别给"清明节"三个字制作关键帧动画，也可以用预置动画实现。

6. 预览、保存并发布作品

按照上述步骤完成作品制作后，可单击工具栏中的预览按钮🖵，预览无误后，保存并发布作品。最终图层时间线如图 3-18 所示。

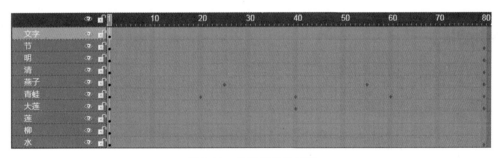

图 3-18 最终图层时间线

任务2 进度动画制作——灵动线条动画

灵动线条动画

【任务描述】

进度动画可用于呈现图形的绘制过程。灵动的线条动画可为你的 H5 作品锦上添花。下面我们以"手绘画框"为例，了解一下进度动画的制作方法。作品效果图如图 3-19 所示，手机扫描二维码即可预览作品。

图 3-19　灵动线条动画

【任务要求】

掌握线条工具的应用，掌握进度动画的原理和类型，掌握不同类型的进度动画制作方法。

【知识链接】

1. 线条相关工具的应用

（1）"直线"工具。可实现任一角度直线的绘制；通过修改"属性"面板中的相关属性，可以绘制多种样式的线条。

绘制一条蓝色的 3 像素的直线，如图 3-20 所示，分别设置"填充色"属性和"边框色"属性，填充色设置透明度为 0，边框色设置颜色和粗细。

蓝色 3像素 实线

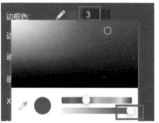

图 3-20　直线属性设置

除了设置线条的"填充色"和"边框色",还可以设置线条的线型,属性为"边框类型",可以设置线条为实线、点线、虚线和点划线, 如图 3-21 所示。

当"边框类型"设置为"点线""虚线""点划线"时,属性面板中增加了"边框间距"属性, 如图 3-22 所示,用来设置点段之间的距离。

图 3-21　边框类型

图 3-22　边框间距

直线的各种线型和属性设置如图 3-23 所示。

图 3-23　直线各种线型和属性设置

（2）"曲线"工具。用法类似于 Photoshop 中的钢笔工具,通常结合"节点"工具,通过调整节点和方向线来改变线条的方向；曲线的"边框类型"属性与上述的"直线"工具相同。

（3）"矩形"工具。按住 Shift 键可绘制正方形。

（4）"多边形"工具。默认绘制五边形,使用节点工具选择多边形,可以看到多个功能节点, 如图 3-24 所示。利用多边形的各个功能节点,可以绘制多种多边形, 如图 3-25 所示。

2．进度动画

（1）线条进度动画。制作线条进度动画,必须对线条设置"填充色"透明度为 0,"边框色"透明度非 0。动画的设置与关键帧动画类似,设置好动画帧范围后,如 1 ～ 20 帧按 F5 键插入帧,选择"插入进度动画", 如图 3-26 所示,动画时间轴呈现紫色,完成线条的进度动画,动画会按照线条创建的先后顺序,自动依次绘制线条。

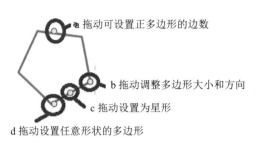

图 3-24　多边形各节点功能

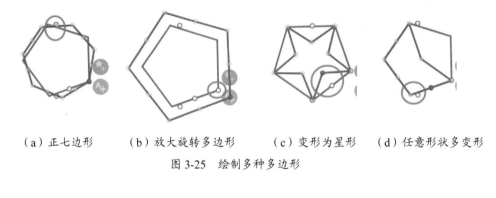

（a）正七边形　　　（b）放大旋转多边形　　（c）变形为星形　　（d）任意形状多变形

图 3-25　绘制多种多边形

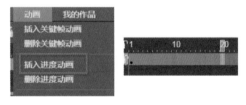

图 3-26　创建进度动画

（2）文字进度动画。除了为线条制作进度动画，还可以为文本对象创建进度动画。对文本对象制作进度动画，可以实现文字打字机效果，通过调整文本的"对齐"属性，可以设置文字打字机动画的文字方向，如图 3-27 所示。

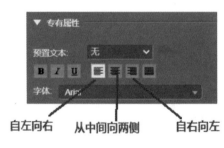

图 3-27　文本打字方向设置

【任务实施】

1. 新建作品，导入背景图

新建一个 H5 作品，进入平台编辑器页面，在右侧"属性"面板中单击背景图片右侧的 <kbd>+</kbd>，弹出"素材库"对话框，选择"公有"组中的"党建"文件夹，将 as_001 添加为背景图片，如图 3-28 所示。

图 3-28　添加背景图片

2. 手绘画框，制作进度动画

（1）选择"矩形"工具，绘制一个矩形，选择第 90 帧，按 F5 键插入帧，定义动画时长。右击并选择"插入进度动画"，选择第 60 帧，按 F6 键插入关键帧。

（2）新建图层 1，选中第 5 帧，按 F6 键插入关键帧，分别在右上角、左下角绘制两条折线，如图 3-29 所示。右击并选择"插入进度动画"，选择第 60 帧，按 F6 键插入关键帧。

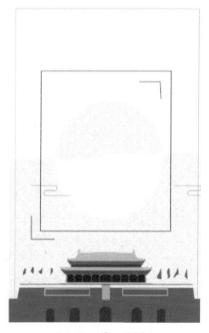

图 3-29　第 5 帧样式

（3）新建图层 2，选中第 13 帧，按 F6 键插入关键帧，分别在左上角、右下角绘制两条折线，如图 3-30 所示。右击并选择"插入进度动画"，选择第 60 帧，按 F6 键插入关键帧。

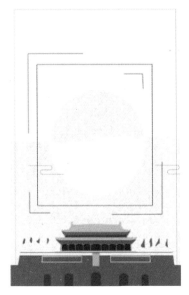

图 3-30　第 13 帧样式

3. 输入文字，制作进度动画

新建图层 3，选中第 60 帧，按 F6 键插入关键帧，输入文字"思政大讲堂"，右击并选择"插入进度动画"。所有图层时间轴样式如图 3-31 所示。

图 3-31　所有图层时间轴样式

4. 预览、保存并发布作品

按照上述步骤完成作品制作后，可单击工具栏中的预览按钮 🖥，预览无误后，保存并发布作品。

小猫钓鱼

 变形动画制作——小猫钓鱼

【任务描述】

"小猫钓鱼"的故事告诉我们无论做什么事情都要专心、持之以恒。本任务呈现小猫钓鱼鱼咬钩的过程动画，利用 Mugeda 的节点工具，对图形进行变形操作，制作变形动画和关键帧动画。作品预览及二维码如图 3-32 所示。

图 3-32 作品预览及二维码

【任务要求】

掌握节点工具的使用，掌握变形动画的制作，掌握关键帧动画的制作。

【知识链接】

插入变形动画

Mugeda 平台提供了矢量图形变形的动画。变形动画是基于矢量图形的节点的，在矢量图形的变形动画过程中，节点数量不能增减，只能基于原有节点进行节点位置或控制柄曲率调整。

（1）在舞台中绘制一个圆形，选择"节点"工具，可以观察到圆形具有 4 个节点。

（2）在时间轴 30 帧处，按 F5 键插入帧，将动画延长，右击并选择"插入变形动画"，动画时间轴呈现黄色，如图 3-33 所示。

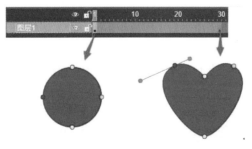

图 3-33 变形动画

【任务实施】

1. 新建图层并放置素材

（1）新建 H5 作品，打开素材库，新建文件夹，将任务素材拖放至素材库中。

（2）新建图层，将图层分别命名为"背景""小猫""鱼竿""鱼线""鱼"。将背景素材图片放置到背景层中，将猫图片素材放置到"小猫"图层中，图层和舞台如图3-34 所示。

（3）在"背景"和"小猫"图层动画的第 80 帧处，按 F5 键插入帧，延长动画。

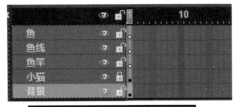

图 3-34　图层和舞台

2. 制作鱼竿和鱼线变形动画

（1）绘制"鱼竿"和"鱼线"。分别在"鱼竿"和"鱼线"图层的第 1 帧选择"曲线"工具，绘制一条曲线（2 个节点），设置填充颜色透明度为 0，设置鱼竿线颜色为黑色，线粗为 2 像素，设置鱼线线粗为 1 像素，如图 3-35 所示。在这两个图层第 80 帧处，按 F5 键插入帧，延长动画。

（2）制作"鱼竿"变形动画。选择"鱼竿"图层，在第 20 帧处按 F6 键创建关键帧，在 20 ～ 80 帧之间，右击并选择"插入变形动画"，此时时间轴帧变为黄色。分别在时间轴适当的位置处按 F6 键创建关键帧，并在关键帧处调整鱼竿位置和角度；选择"节点"工具，分别在关键帧处调整鱼竿节点位置，使鱼竿呈现出不同的形状，如图 3-36 所示。

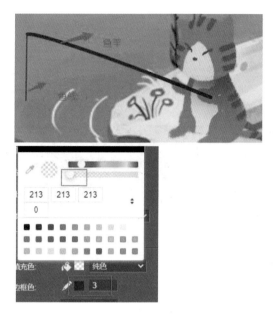

图 3-35 绘制鱼竿和鱼线

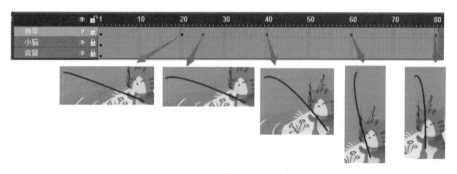

图 3-36 "鱼竿"关键帧和形状

（3）制作"鱼线"变形动画。与上一步类似，选择"鱼线"图层，在第 20 帧处按 F6 键创建关键帧，在 20 ～ 80 帧之间，右击并选择"插入变形动画"。分别在时间轴适当的位置处按 F6 键创建关键帧，并在关键帧处调整鱼线形状，"鱼线"关键帧和形状如图 3-37 所示。

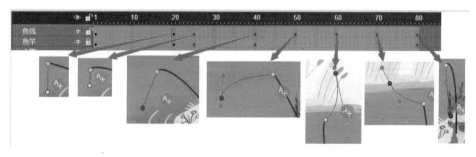

图 3-37 "鱼线"关键帧和形状

调整曲线弯曲度时，右击并选择"节点"→"重置节点"，出现控制柄，可以调整曲线弯曲度，如图 3-38 所示。

图 3-38　重置节点，调整曲线弯曲度

3. 制作"鱼"的关键帧动画

选择"鱼"图层，在第 20 帧处按 F6 键创建关键帧，将鱼的素材图片放置到舞台中，调整大小和位置。在 20～80 帧之间，右击并选择"插入关键帧动画"，选择"变形"工具，按住 Ctrl 键拖动旋转中心点到鱼嘴位置处，如图 3-39 所示。

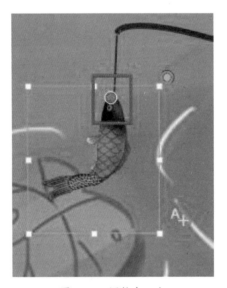

图 3-39　调整中心点

分别在"鱼线"图层关键帧处为"鱼"图层添加关键帧，在各关键帧处调整鱼的位置和角度。"鱼"图层的关键帧和位置如图 3-40 所示。

4. 预览，保存并发布作品

按照上述步骤完成作品制作后，可单击工具栏中的预览按钮，预览无误后，保存并发布作品。

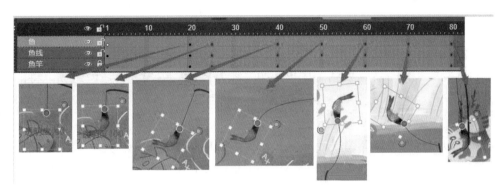

图 3-40 "鱼"的关键帧和位置

任务 4 遮罩动画制作——运动光影动画

运动光影动画

【任务描述】

春节是我们国家的传统节日，过年回家、家人团聚是中国人深入人心的活动。本任务以春节传统节日、阖家团聚为背景，利用 Mugeda 图层的遮罩功能，结合关键帧动画，制作多种遮罩动画，呈现出春节喜庆、团聚的气氛。作品预览及二维码如图 3-41 所示。

【任务要求】

掌握遮罩原理，掌握图层的遮罩操作，分析各种遮罩动画的实现。

图 3-41 作品预览及二维码

【知识链接】

遮罩的原理和应用

（1）遮罩的实现至少需要两个图层，由"遮罩图形"图层和背景层组成。将图层0命名为"背景"，放置背景图片；再新建图层，命名为"遮罩图形"，将"墨点"素材放置到该图层，如图3-42所示。

（2）选定"遮罩图形"图层，单击下方的"转为遮罩层"按钮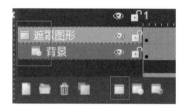，如图3-43所示，实现两个图层的遮罩效果。遮罩图层只识别图形，不识别颜色，当转为遮罩层后，自动将其下方的一个图层"罩"住，只能显示遮罩图形"罩住"的下方图像。

图 3-42 转为遮罩前

图 3-43 转为遮罩层后

（3）如果想"罩"住多个图层，选定图层后，单击"添加到遮罩"按钮，即可实现一个图形遮罩多个图层的效果。

（4）在遮罩状态时，可以单击"切换遮罩显示"按钮，即可切换查看遮罩前和遮罩后的效果，而继续保持遮罩图层状态。

（5）如果要恢复为正常图层状态，选择上层的遮罩图层，再次单击"转为遮罩层"按钮即可。

（6）为遮罩图层做关键帧动画，即可实现光影运动效果动画，时间轴如图3-44所示。选择遮罩图层，插入关键帧动画，选择第30帧，将图形放大，页面如图3-45所示。

图 3-44　遮罩动画时间轴

图 3-45　遮罩图形关键帧动画

【任务实施】

1. 制作运动灯光

（1）将图层 0 命名为"背景 1"，将背景图片放置到舞台中，修改大小与舞台对齐；新建图层并命名为"灯光 1"，在第 1 帧舞台中绘制圆形，将该图层"转为遮罩层"，效果如图 3-46 所示。

（2）分别对"背景 1""灯光 1"图层按 F5 键均延长至第 20 帧，插入关键帧动画，并在适当位置处插入关键帧，修改圆形位置，如图 3-47 所示，第一个灯光效果完成。

（3）重复（1）（2）步骤，再新建两个图层，分别命名为"背景 2""灯光 2"，在"背景 2"图层的第 20 帧，按 F6 键插入关键帧，并复制背景 1 图层的背景图片，按 Ctrl+Shift+V 组合键粘贴到"背景 2"图层中的第 20 帧处。在"灯光 2"图层中再次绘制圆形，在 20 ～ 40 帧之间做关键帧动画，并修改"灯光 2"中圆形的位置；将"灯光 2"图层"转为遮罩层"，如图 3-48 所示。

图 3-46　运动灯光时间轴第 1 帧　　　　　图 3-47　运动灯光时间轴 20 帧

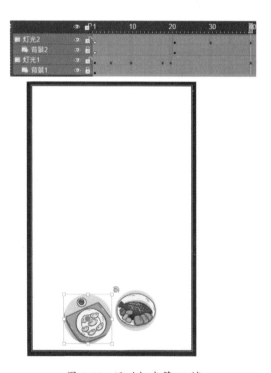

图 3-48　运动灯光第 40 帧

（4）对以上四个图层按 F5 键，延长至 60 帧，在第 60 帧按 F6 键插入关键帧，将两个圆形放大，大小超过舞台大小，如图 3-49 所示。

图 3-49 运动灯光第 60 帧

2. 制作光影文字

（1）新建图层，命名为"背景 3"，在第 60 帧处按 F6 键创建关键帧，复制"背景 2"中的背景素材，按 Ctrl+Shift+V 组合键粘贴到第 60 帧处。

（2）新建图层，命名为光影，在第 60 帧处按 F6 键创建关键帧。在舞台中绘制矩形，设置为白色，透明度为 80%，使用节点工具将矩形调整为平行四边形，复制多个形状并调整位置，如图 3-50 所示，将形状放置在背景文字"Happy"左侧。

图 3-50 绘制光影形状

（3）在 80 帧处按 F5 键插入帧，插入关键帧动画，在第 80 帧将光影形状拖放至文字的右侧，形成光影形状从左向右运动的动画。

（4）新建图层,命名为"文字遮罩",在第 60 帧处按 F6 键创建关键帧,将素材"Happy"文字图形放至舞台中,调整大小和位置,使其与背景中的"Happy New Year"重合,将"文字遮罩"图层转为遮罩层,如图 3-51 所示。

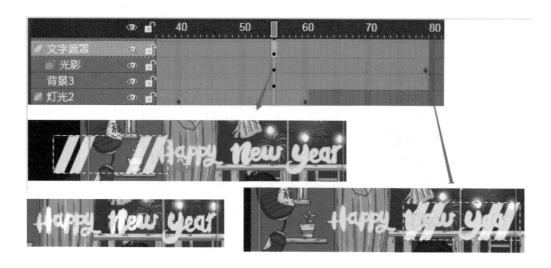

图 3-51　光影文字动画

3. 制作渐显文字

（1）新建图层，命名为"回家"，在第 55 帧处按 F6 键创建关键帧，将素材图片"回家"放置到舞台中。

（2）新建图层，命名为"左到右遮罩"，在第 55 帧处按 F6 键创建关键帧，在舞台中绘制矩形，放置到"回家"的左侧。插入关键帧动画，在第 80 帧拖动矩形覆盖到文字上，如图 3-52 所示，可以在 60 ～ 80 帧之间适当位置插入关键帧，调整位置。

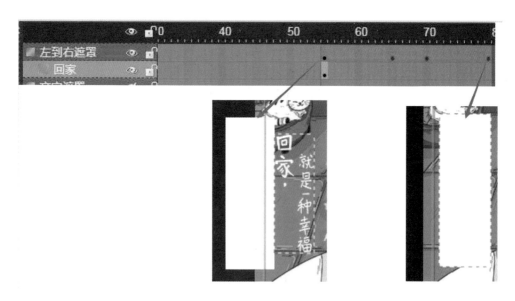

图 3-52　文字遮罩动画

（3）将"文字遮罩"图层"转为遮罩层"，播放动画，实现文字从左向右逐渐显示效果。至此本任务完成，共计 4 组遮罩动画，最终图层时间轴如图 3-53 所示。

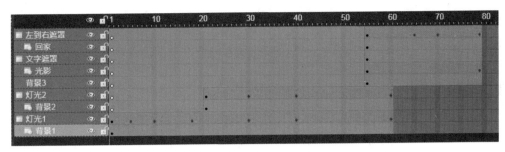

图 3-53　动画最终图层时间轴

4. 预览、保存并发布作品

按照上述步骤完成作品制作后，可单击工具栏中的预览按钮，预览无误后，保存并发布作品。

任务5 元件动画制作——敬业的程序员

敬业的程序员

【任务描述】

众所周知，"加班"已成为当前职场中最为平常的事件。"加班"活动越来越多地成为职场员工的自发行为，为了完成自己的本职工作，或者员工为了自我的职业生涯去拼搏等，都体现出劳动者的爱岗敬业、勤奋上进的精神。

程序员是 IT 行业中经常加班的职业群体。本任务制作的动画以程序员为主角，展示其不辞辛苦、日夜工作的场景，利用 Mugeda 绘图工具绘制图形，制作成元件动画，最终完成含有元件动画的 H5 作品，如图 3-54 所示。

图 3-54　作品预览效果及二维码

【任务要求】

了解元件的概念和原理，掌握元件面板的基本操作，掌握元件动画的制作和应用。

【知识链接】

1. 元件的基本操作

（1）创建元件。打开舞台右侧的"元件"面板，再单击下方的"新建元件" ▢ 按钮，如图 3-55 所示，创建一个元件，单击元件文字可以重命名，双击元件图标或单击下方的"编辑元件"按钮，进入元件编辑界面，如图 3-56 所示。

图 3-55　元件面板常用工具

图 3-56　元件操作

也可以在作品的舞台中选择对象，右击并选择"转换为元件"，同样可以创建一个元件。与上述方法的区别在于，用这种方法创建元件后，舞台中的元素自动转为一个元件实例。

（2）常见的元件操作。当元件处于编辑状态时，界面与舞台相同；当元件编辑结束时，单击"舞台"即可退出编辑状态，如图 3-57 所示。需要注意的是，在元件编辑界面不能保存作品，需退出到舞台界面才能保存。

元件常见的操作还有"复制元件"和"删除元件"，请自行练习。

图 3-57　元件编辑状态

（3）导入和导出。元件面板中的"导入"和"导出"功能主要应用于不同的 H5 作品之间的元件共享。例如：在动画 A 作品中创建了一个元件，单击"导出"按钮，切换到另一个 H5 动画 B，单击"导入"按钮，即可将 A 中的元件导入到 B 中，实现不同作品之间的资源共享。

2. 元件的应用

将元件面板中的元件拖放到舞台中，即可创建一个元件实例，可以为其命名。同一个元件可以拖放多个元件实例，如图 3-58 所示。

当需要修改元件时，重新编辑元件，已经生成的所有元件实例也会随之修改更新，如图 3-59 所示。

元件动画本身不会受舞台主时间轴影响，可以在舞台中循环播放元件动画。在实际应用中，元件的使用非常广泛。

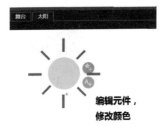

编辑元件，
修改颜色

元件实例
随之修改

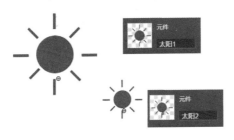

图 3-58 两个"太阳"元件实例

图 3-59 元件实例的更新

【任务实施】

1. 创建背景层

（1）整个动画分为白天和晚上两个场景，动画时长分别为 50 帧。将图层 0 命名为"程序员"，在第 1 帧将素材图片"程序员白天"放至舞台中，调整大小位置与舞台重合。

（2）选择第 50 帧，按 F5 键将动画延长至 50 帧，按 F6 键创建关键帧，删除图片，将素材图片"程序员晚上"放至舞台中，调整大小位置与舞台重合。时间轴如图 3-60 所示。

图 3-60 "程序员"图层时间轴

2. 创建元件动画

（1）制作"太阳"元件。

1）选择"元件"面板，单击下方的"新建元件"，将元件命名为"太阳"，双击元件图标，进入编辑元件界面。

2）选择"圆形"工具，在元件的舞台中绘制圆形，设置为红色。

3）单击"选择"工具▶，按住 Alt 键在舞台空白处拖动鼠标，即可创建参考线，分别创建水平和垂直参考线，交叉于圆形圆心处，如图 3-61 所示。

4）选择"矩形"工具，在参考线位置处绘制矩形太阳光，复制 3 个矩形，调整角度和位置，如图 3-62 所示。

5）选择 4 个矩形，复制后按 Ctrl+Shift+V 组合键原地粘贴，使用变形工具，旋转 45°，调整大小位置，如图 3-63 所示，太阳绘制完成。

图 3-61 创建参考线

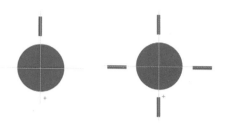

图 3-62 绘制矩形太阳光

6）选择第 10 帧，按 F5 键插入帧，选择第 6 帧，按 F6 键创建关键帧。在第 6 帧选择所有矩形太阳光，使用变形工具，旋转 45°，如图 3-64 所示。太阳元件动画完成，播放动画，呈现太阳光交替变换效果。

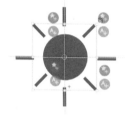

图 3-63 复制旋转

图 3-64 旋转太阳光

（2）制作"星星月亮"元件。

1）新建元件，命名为"星星月亮"。本任务中星星和月亮包含在同一个元件中，也可以分开制作成元件，双击元件图标进入元件编辑界面。

2）绘制月亮。在元件的舞台中绘制圆形，设置为黄色。选择"节点"工具，选定圆形的上和右节点，右击并选择"节点"→"添加节点（细分）"，新增两个节点，选择节点并调整节点位置和曲线，月亮绘制完成，如图 3-65 所示；在 15 帧处按 F5 键插入帧，延长动画。

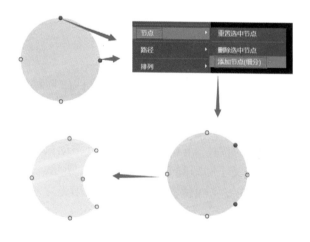

图 3-65 绘制月亮

3）将图层0命名为"月亮"，在第10帧按F5键插入帧。

4）新建图层，命名为"星星1"，选择"多边形"工具，绘制五边形，使用"节点"工具，拖动节点调整五边形为星形，设置为黄色。复制多个星星，调整大小角度和位置，放至到月亮旁边，如图3-66所示。

5）新建图层，命名为"星星2"，在第5帧按F6键插入关键帧，复制上一步的星星，调整大小和位置，如图3-67所示。

图3-66 绘制"星星1"

图3-67 绘制"星星2"

6）对于"星星1"图层，在第10帧按F5键，插入关键帧动画，并在第5帧按F6键，插入关键帧，将第1、第10帧的星星设置透明度为0。

7）对于"星星2"图层，在第15帧按F5键，插入关键帧动画，并在第10帧按F6键，插入关键帧，将第5、第15帧的星星设置透明度为0。

"星星月亮"元件制作完成，播放动画，呈现出两组星星交替闪现的效果，时间轴如图3-68所示。

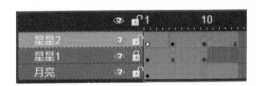

图3-68 "星星月亮"元件时间轴

（3）制作"代码"元件。

1）新建元件，命名为"代码"，双击元件图标进入元件编辑界面。将素材图片"代码"放至舞台中。

2）在第10帧按F5键插入帧，延长动画，在第6帧按F6键插入关键帧，选择"属性"面板中的"图像""替换"按钮，将图像替换为"代码1"图片，时间轴如图3-69所示。

图3-69 "代码"元件时间轴

播放动画，呈现代码交替变换效果。

3. 应用元件动画

（1）制作太阳动画。

1）回到舞台，新建图层并命名为"太阳"，将"太阳"元件从元件面板中拖至舞台左侧。

2）选择第 50 ～ 100 帧，右击并选择"删除帧"，只保留第 1 ～ 49 帧，插入关键帧动画，在第 25 帧按 F6 键插入关键帧。

3）选择太阳，右击并选择"路径""自定义路径"，分别设置关键帧的太阳位置，使用"节点"工具，调整路径弯曲度，制作太阳路径动画，达到太阳从左侧升起到右侧落下的效果，如图 3-70 所示。

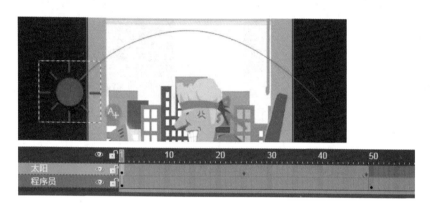

图 3-70　太阳路径动画

（2）制作遮罩动画。

1）应用"星星月亮"元件。新建图层并命名为"星星月亮"，在第 50 帧按 F6 键插入关键帧，从元件面板中将"星星月亮"元件拖放至舞台中，调整大小和位置，如图 3-71 所示。

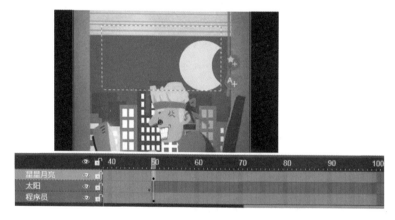

图 3-71　放置"星星月亮"元件

2）新建图层并命名为"遮罩"，选择第 1 帧，在舞台中绘制矩形，单击"转为遮罩层"按钮，将"星星月亮"图层遮罩；选择"太阳"图层，单击"添加到遮罩"按钮，同时又将太阳层遮罩，如图 3-72 所示。预览动画，呈现"太阳""月亮"动画被窗帘遮挡的效果。

图 3-72　制作遮罩动画

3）新建图层，命名为"代码"，将元件面板中的"代码"元件拖放至舞台中。

4. 预览、保存并发布作品

按照上述步骤完成作品制作后，可单击工具栏中的预览按钮 ，预览无误后，保存并发布作品。

任务6　关联动画制作——升旗

升旗

【任务描述】

中华人民共和国国旗是中华人民共和国的象征和标志。作为一个中国人，我们都应当尊重和爱护国旗。每当看到国旗升起，我们都感到无比的骄傲与自豪。

关联动画是用另一个对象（关联对象）去控制当前选中对象的动画形式。下面我们就通过"升旗"关联动画的制作，让爱国之情永续传播。作品预览及二维码如图 3-73 所示。

【任务要求】

掌握关联动画的基本原理和制作方法，掌握属性关联的设置方法。

【知识链接】

1. 属性关联的设置

对象的属性中，有很多属性是可以与其他对象进行关联的，从而可以实现"联动控制"效果，在"属性"面板中，属性后带有 🔗 图标的属性就可以实现属性关联，如图 3-74 所示。

图 3-73　作品预览及二维码

图 3-74　属性关联

（1）公式关联设置。关联的设置必须设置两个对象：一个被控制者，一个控制者。在设置关联时，必须选择被控制者，而且要为控制者命名，如图 3-75 所示。

选定被控制对象"红色矩形"，在"属性面板"中单击"上"文本框后面的⬚图标，弹出属性关联框，如图 3-76 所示。

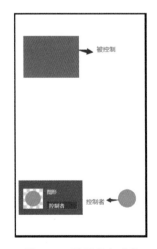

图 3-75　设置两个对象

图 3-76　属性关联框

1）关联对象：控制者，即用来控制当前选定对象的对象；此处应选择名为"控制者"的蓝色圆形。

2）关联属性：控制者的属性，即用控制者的哪个属性进行控制；此处选择"上"。

3）关联方式：设置采用何种方式进行关联，此处选择"公式关联"，将关联属性与被控量用公式关联。

4）被控量：设置关联公式表达式，框内的"关联属性"不要删除，此处可视为一个变量，指的是设置当前被控者的"上"属性与控制者的关联属性"上"之间的运算关系。

各属性设置如图 3-77 所示，表示当前的红色矩形的"上"属性与蓝色圆形的"上"属性关联，并且二者相等。

选择"控制者"蓝色圆形，设置属性"拖动 / 旋转"为"垂直拖动"，预览页面，上下拖动蓝色圆形，红色矩形即可跟随上下移动，如图 3-78 所示。

图 3-77　设置公式关联

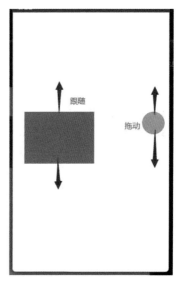

图 3-78　属性关联效果

（2）自动关联设置。选择"红色矩形"，单击"上"文本框后的 ✐ 图标，将"关联方式"改为"自动关联"，如图 3-79 所示。

自动关联将关联属性和被控量用关键点的方式进行关联，关键点之间采用均匀分布的方式进行关联。

单击下方的"+"，添加一条关键点关联，分别设置主控量和被控量的数值，此处设置两个关键点数据，如图 3-80 所示。当主控者"蓝色圆形"的"上"属性值为 70 时，被控者"红色矩形"的"上"属性值为 40；当主控者"蓝色圆形"的"上"属性值为 390 时，被控者"红色矩形"的上属性值为 370。预览页面，拖动蓝色圆形，即可实现限定范围内的控制效果，如图 3-81 所示。

2. 动画关联

对象的属性关联只是设置被控者和主控者之间的属性联系，如果要控制一个动画的播放进度，单纯的属性关联是不够的，还需要设置动画关联。与属性关联最根本的区别是，动画关联的被控者必须是一个元件动画,用控制者的某个属性控制动画的进度。

图 3-79　自动关联

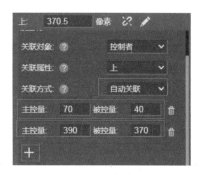

图 3-80　添加关键点关联

将元件动画制作完成后,拖放至舞台中,选择元件动画实例(被控制者),在"属性面板"中的"专有属性"下,设置"动画关联"为"启动",单击后方的 🔗 图标,弹出动画关联框,如图 3-82 所示。

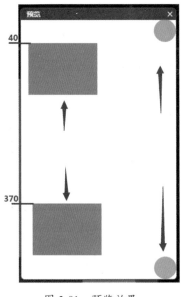

图 3-81　预览效果

图 3-82　动画关联框

1)"关联对象"和"关联属性":与上述的属性关联相同,分别设置控制者对象和控制者的属性。

2)"开始值"和"结束值":设置控制者属性的取值范围;

3)播放模式:切换模式,指的是动画在达到开始值时开始播放,在达到结束值时结束播放;同步模式,指的是将动画播放进度分布在开始值和结束值之间。

【任务实施】

本任务将分别介绍采用属性关联和动画关联的方法,来实现控制"升旗"效果。

1. 新建作品，导入背景素材

新建一个 H5 作品，进入平台编辑器页面，在左侧"媒体"工具箱中单击素材库图标 🏭，导入素材。将"图层 0"重命名为"背景"，将背景图片放置到舞台中。

2. 上传 PSD 文件并导入至舞台

在左侧"媒体"工具箱中单击导入 Photoshop（PSD）素材图标 🅿️，弹出"导入 Photoshop（PSD）素材"对话框，将"红旗.psd"文件拖动至对话框，释放鼠标上传。按 Ctrl 键分别选中两个图层，单击"分层导入"按钮，将两个图层导入至舞台，分别命名为"旗杆""红旗"，如图 3-83 所示。

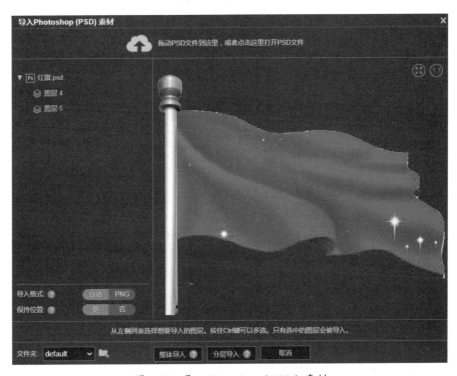

图 3-83　导入 Photoshop（PSD）素材

3. 添加拖动按钮并命名

将旗面和旗杆缩放至适当比例后，新建图层，命名为"控制"。在舞台中绘制圆形，设置适当颜色，并命名为"拖动"，设置"拖动 / 旋转"属性为"垂直拖动"。

各图层和舞台如图 3-84 所示。

4. 利用属性关联进行控制

（1）选择"红旗"元素，设置"上"属性的关联属性，使用"公式关联"方式进行关联，如图 3-85 所示。

（2）拖动圆形"拖动"对象，可以控制"红旗"上下移动，但是当"拖动"至最上方时，红旗也有部分区域"脱离"旗杆，如图 3-86 所示。因此，重新设置属性关联方式为"自动关联"，关联设置如图 3-87 所示。

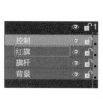

图 3-84　图层和舞台

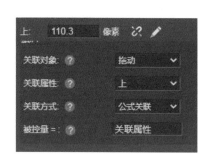

图 3-85　公式关联

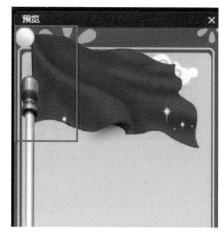

图 3-86　红旗脱离旗杆

（3）预览页面，自动关联可以将红旗控制在一定范围内上下活动，如图 3-88 所示。

5. 利用关联动画进行控制

（1）打开"元件"面板，新建元件并命名为"升旗"，双击编辑元件。

（2）在元件中的图层 0，将"红旗"素材放置到舞台中，创建红旗上下移动的关键帧动画，如图 3-89 所示。

（3）回到舞台中，将"红旗"图层中的元素删除，从元件面板中将"升旗"元件拖放至舞台适当位置处，如图 3-90 所示。

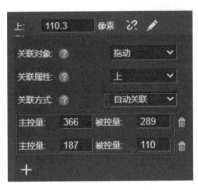

图 3-87 自动关联

图 3-88 自动关联效果

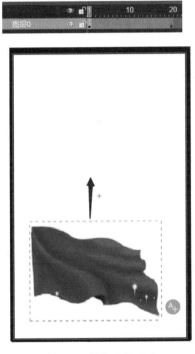

图 3-89 制作元件动画

图 3-90 放置"升旗"元件到舞台中

（4）选择元件，单击"属性"面板中的"动画关联"，选择"启用"，编辑动画关联属性，如图 3-91 所示。

预览页面效果，拖动圆形可以控制红旗在一定范围内升降。

4. 预览、保存并发布作品

按照上述步骤完成作品制作后，可单击工具栏中的预览按钮 ▣，预览无误后，保存并发布作品。

图 3-91 设置"动画关联"

项目拓展

制作一个保护野生动物主题的公益广告 H5，满足以下要求：

（1）页面中利用进度动画绘制简笔画，阐述部分情节，如绘制野生动物轮廓等。

（2）利用元件动画丰富画面中元素的动态展示，如树叶循环飘落、草地摇曳等。

（3）利用遮罩动画制作光影动态按钮或文字等，设计制作页面的多样化展示等。

（4）综合利用多种动画制作技术，完成完整的作品。

思考与练习

1．简述时间线上动画帧颜色蓝、绿、黄、紫分别对应的动画类型。

2．简述元件动画的主要特点。

项目 **4**

行为交互动画制作

项目导读

利用 Mugeda 平台的行为设置，可以通过各种动作、手势等触发条件，实现页面内元素的交互、页面之间的交互等。通过各种触发条件、交互行为的设置，可以制作有创意的、富有交互性的高质量 H5 作品。

教学目标

★掌握帧行为原理和设置，掌握帧行为交互动画制作。

★掌握页行为原理和设置，掌握页行为交互动画制作。

★掌握媒体播放控制动画制作，掌握音频和视频的控制方法和设置。

★掌握属性控制原理，掌握属性控制行为交互动画制作。

★熟悉逻辑控制设置方法，掌握逻辑控制交互动画的制作原理。

任务 **1** 帧行为交互动画制作——"种树苗"小游戏

"种树苗"
小游戏

【任务描述】

3 月 12 日为植树节，绿水青山就是金山银山，保护环境是我们的义务。本任务利用 Mugeda 平台的行为，通过设置帧交互属性，制作"种树苗"小游戏动画。作品效果图如图 4-1 所示。

【任务要求】

掌握帧行为的设置，掌握多种动画播放控制的行为设置。

图 4-1　完整作品二维码

【知识链接】

1. 行为及设置

　　行为主要用于解决对象之间的关联问题，可以理解为对象的控制与被控制关系。在设置交互时，行为主要体现为交互的结果。在 Mugeda 平台中，行为分为六大类：动画播放控制、媒体播放控制、属性控制、微信定制、手机功能和数据服务，如图 4-2 所示。在实际创作中，结合实际需求，可以选用多种行为来制作多种多样的交互效果。

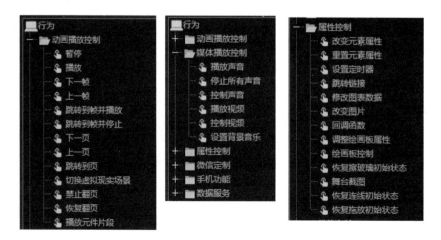

图 4-2　行为设置分类

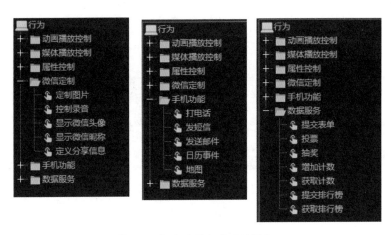

图 4-2 行为设置分类（续图）

2. 触发条件及设置

触发条件是控制行为的方式。在交互过程中，触发条件与行为相对应，当触发条件满足时，行为设置生效。在 Mugeda 平台中，可设置多种触发条件，如图 4-3 所示。

图 4-3 触发条件

3. 交互的设置与删除

交互的设置须确认三点，也可以称为"交互三要素"。

（1）行为对象——是"谁"触发的动作，或者说触发动作是作用在"谁"上。

（2）触发动作——当行为对象具体做了什么动作触发了响应。

（3）行为结果——当行为对象触发了规定动作后，导致了"谁"或什么后果。

当行为对象触发了动作后，产生了行为结果。例如：当单击其按钮时，舞台跳转到第 10 帧并播放。行为对象为"按钮"，选择按钮，单击右侧的"行为"按钮 A，弹出"编辑行为"对话框，如图 4-4 所示，选择左侧的行为（如"跳转到帧并播放"），设置右侧的触发动作为"点击"，单击"编辑"按钮，弹出"参数"对话框，设置参数为"舞台"、帧号为"10"。

若要删除交互，单击"删除"按钮 ✕，即可删除整条交互。

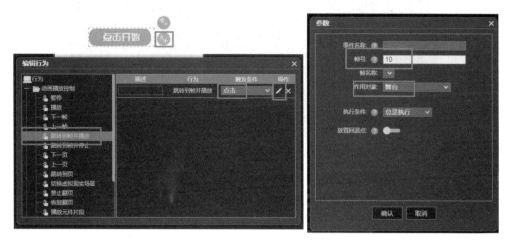

图 4-4　行为设置方法

4. 关键帧的命名

为了防止后期作品修改会对帧号产生影响，我们可以采用给关键帧命名的方式来实现帧的跳转。现举例如下：

（1）分别选择时间轴上的第 1 帧、第 10 帧、第 20 帧，按 F6 键插入关键帧，分别绘制一个正方形、圆形和多边形。

（2）选中第 1 帧，时间轴下方的"关键帧名"处可为相应关键帧命名，如图 4-5 所示。

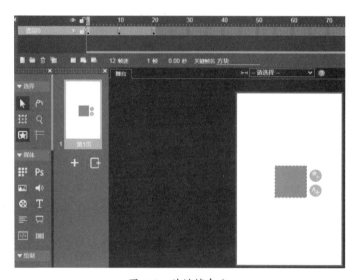

图 4-5　关键帧命名

（3）按步骤（2）的操作，可为第 10 帧、第 20 帧分别命名，命名后关键帧上方会出现一个黄色的小三角，如图 4-6 所示。

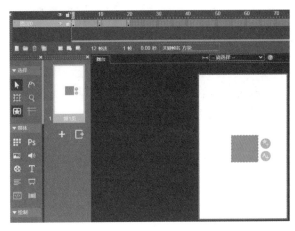

图 4-6 关键帧命名后的显示

（4）"跳转到帧"行为可通过帧号或帧名称来实现跳转，如图 4-7 和图 4-8 所示。

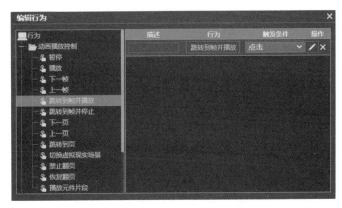

图 4-7 "编辑行为"对话框

图 4-8 "参数"对话框

【任务实施】

1. 第 1 帧各图层

（1）"背景"图层。

1）新建 H5 作品，将图层 0 命名为"背景"，将素材图片添加到素材库中。

2）在背景图层中，放置背景图片素材，如图 4-9 所示。

图 4-9　背景层第 1 帧

（2）"文字"图层。新建图层并命名为"文字"，在舞台中创建三行文本，分别为三个文本设置"进入"预置动画，如图 4-10 所示。

（3）"按钮"图层。

1）新建图层并命名为"按钮"，在舞台中绘制圆角矩形，设置适当的颜色和边框，新建文本，输入文字，调整位置，将圆角矩形和文本同时选定，右击并选择"组"→"组合"。为按钮组合设置"进入"预置动画，使按钮出现在文字之后，如图 4-11 所示。

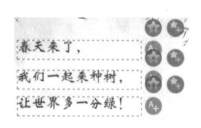

图 4-10　文字层第 1 帧

图 4-11　按钮层第 1 帧

2）为按钮添加行为——当"点击"按钮时，舞台跳转到"下一帧"，如图 4-12 所示。

（4）"停止"图层。

1）为了使动画停止在第 1 帧，在"点击"按钮后继续播放，需要在第 1 帧设置"舞台停止"效果交互。

图 4-12 按钮行为

2）新建图层，命名为"停止"，在舞台之外绘制任意形状图形，为图形添加行为——当这个图形"出现"，舞台就"暂停"，如图 4-13 所示。

图 4-13 停止层第 1 帧

2. 第 2 帧各图层

（1）"背景"图层。

在背景图层中第 2 帧按 F6 键插入关键帧，为舞台中的三个"树丛"图片分别设置"退出"预置动画，并设置不同的延迟时间，如图 4-14 所示。

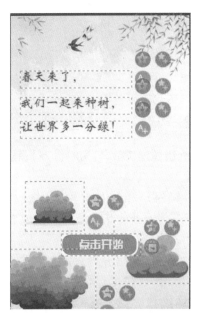

图 4-14 第 2 图帧各图层预置动画

（2）"文字"图层。在文字图层的第 2 帧按 F6 键插入关键帧，为舞台中的三行文本分别设置"退出"预置动画，并设置不同的延迟时间，如图 4-14 所示。

（3）"按钮"图层。

1）在按钮图层的第 2 帧按 F6 键插入关键帧，为按钮设置"退出"预置动画，设置延迟时间，使其在文字和树丛退出后最后退出，如图 4-14 所示。

2）为按钮添加行为——当"预置动画结束"，动画跳转到"下一帧"，如图 4-15 所示。

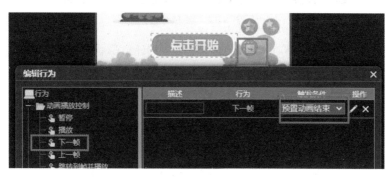

图 4-15　第 2 帧按钮行为

（4）"停止"图层。在第 2 帧时，舞台仍处于停止播放状态，因此在"停止"层的第 2 帧按 F5 键插入帧，延续上一个关键帧的状态，即"出现"时"暂停"。

第 2 帧各图层时间线如图 4-16 所示。

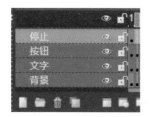

图 4-16　第 2 帧图层时间线

图 4-17　第 3 帧"游戏按钮"图层

3. 第 3 帧各图层

（1）"背景"图层。在背景图层的第 3 帧按 F6 键插入关键帧，将舞台中的"树丛""文字"删除。

（2）"游戏按钮"图层。新建图层并命名为"游戏按钮"，创建三个按钮组合，如图 4-17 所示。

（3）"停止"图层。在第 3 帧时，舞台仍处于停止播放状态，因此在"停止"层的第 3 帧按 F5 键插入帧，延续上一个关键帧的状态，即"出现"时"暂停"。

（4）"挖坑"元件动画制作。

1）新建元件并命名为"挖坑"，编辑元件动画，在元件动画中共 3 个图层，分别命名为"土""遮罩""铲子"。

2）选择"土"图层，第 1 帧将图片素材"土堆"放置到舞台正中"+"处，如图 4-18 所示；选择"遮罩"图层，绘制矩形，放置到"土堆"的下方，在 21 帧处按 F5 键，右击并选择"插入关键帧动画",在第 21 帧时将矩形覆盖在"土堆"上,选择"遮罩"图层,单击"转为遮罩层"。

3)选择"铲子"图层第 1 帧,将图片素材"铲子"放置到元件舞台中,为其添加行为——"出现"时"暂停",使元件动画停止在第 1 帧,如图 4-19 所示。

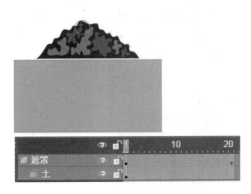

图 4-18 "挖坑"元件中的遮罩动画

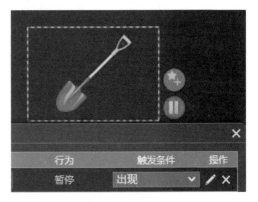

图 4-19 "铲子"图层第 1 帧

4)选择"铲子"图层第 2 帧,按 F6 键插入关键帧,删除铲子的"暂停"行为;在第 2 ~ 20 帧之间"插入关键帧动画",并在适当的位置上按 F6 键插入关键帧,调整铲子的位置和旋转角度,使其呈现"铲子"上下铲土的动画效果。选择第 21 帧,按 F6 键插入关键帧,将"铲子"图片删除,如图 4-20 所示。元件动画整体播放效果为:铲子上下铲动,土堆自下而上出现,最终停止时只有土堆不见铲子。

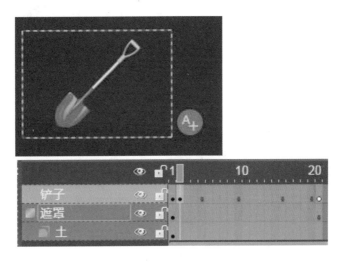

图 4-20 "铲子"图层动画

5)回到舞台,新建图层并命名为"挖坑",将"挖坑"元件拖放至舞台中,并命名为"挖坑实例",如图 4-21 所示。

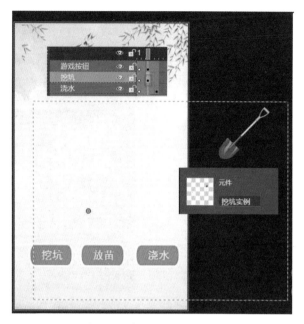

图 4-21　舞台"挖坑"图层

4. 第 4 帧各图层

（1）"背景""停止""游戏按钮"图层。按 F5 键插入帧，保持之前状态，延长动画。

（2）"树苗"图层。新建图层并命名为"树苗"，选择第 4 帧，按 F6 键插入关键帧，将素材库中最小的"树苗"图片放到舞台中，调整位置使树苗的根部与"挖坑"元件中心点重合，如图 4-22 所示。为"树苗"添加从上"移入"预置动画。

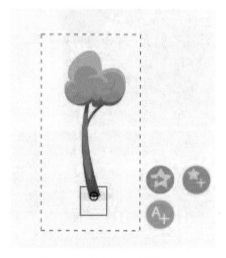

图 4-22　"树苗"图层第 4 帧

5. 第 5 帧各图层

（1）"背景""停止""游戏按钮""树苗"图层。按 F5 键插入帧，保持之前状态，延长动画。

（2）"浇水"元件动画制作。

1）新建元件并命名为"浇水"，编辑元件。

2）在元件图层的第 1 帧，放置"水壶"图片，选择第 10 帧，按 F5 键插入帧，在第 6 帧按 F6 键插入关键帧，将"水壶"调整角度。

3）选择第 10 帧，按 F6 键插入关键帧，删除水壶。在舞台外绘制任意图形，为图形添加行为——当"出现"时，"舞台"跳转到"下一帧"，如图 4-23 所示。

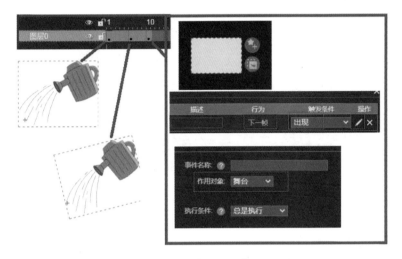

图 4-23 "浇水"元件动画

（3）"浇水"图层制作。回到舞台中，新建图层并命名为"浇水"，选择第 5 帧，按 F6 键插入关键帧，将"浇水"元件拖放到舞台适当位置上，并命名为"水壶"，如图 4-24 所示。

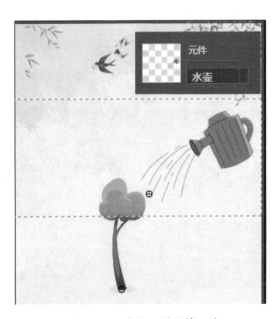

图 4-24 "浇水"图层第 5 帧

6. 第 6 帧各图层

（1）"背景"图层按 F5 键插入帧，保持之前状态，延长动画。

（2）"树苗"图层按 F5 键插入帧，按 F6 键插入关键帧，将树苗的各种状态的图片素材依次放置于舞台中，分别设置"进入""退出"预置动画，调整动画时间和延长时间，使其呈现树苗成长效果。最终将多个"大树"图片放置在舞台中，设置"进入"预置动画，调整延迟时间，如图 4-25 所示。

图 4-25　"树苗"图层第 6 帧

7. 游戏按钮行为设置

（1）"挖坑"按钮。选择舞台中的"挖坑"按钮，添加行为——当"点击"按钮时，"播放元件片段"，单击"编辑"按钮，设置元件实例为"挖坑实例"，"不循环"，起始帧号为"2"，结束帧号为"21"，如图 4-26 所示。

图 4-26　"挖坑"按钮行为设置

（2）"放苗"按钮。选择舞台中的"放苗"按钮，添加行为——当"点击"按钮时，舞台"跳转到帧并停止"，设置跳帧到帧号为"4"，如图 4-27 所示。第 4 帧为"小树苗"出现的预置动画。

图 4-27 "放苗"按钮行为设置

（3）"浇水"按钮。选择舞台中的"浇水"按钮，添加行为——当"点击"按钮时，先"跳转到帧并停止"，跳转到第 5 帧，水壶出现，然后继续添加行为——当"点击"按钮时，"播放元件片段"，播放"水壶"实例的第 1 ～ 10 帧，如图 4-28 所示。

8. 预览、保存并发布作品

按照上述步骤完成作品制作后，可单击工具栏中的预览按钮 📺 ，预览无误后，保存并发布作品，最终图层时间线如图 4-29 所示。

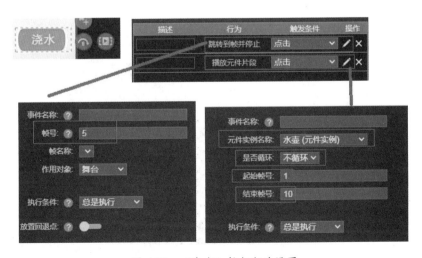

图 4-28 "浇水"按钮行为设置

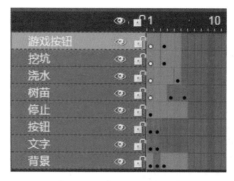

图 4-29　最终图层时间线

摇一摇

 页行为交互动画制作——摇一摇

【任务描述】

模拟微信摇一摇，通过摇手机或点击按钮模拟摇一摇，通过页的随机跳转，寻找你的最佳偶像。本案例既具趣味性又富有未知性，让用户在摇一摇中体验惊喜。下面我们以"摇一摇"小游戏为例，具体讲解一下页行为交互动画制作。作品效果图如图 4-30 所示，手机扫描二维码即可预览作品。

图 4-30　"摇一摇" H5 作品

【任务要求】

掌握页行为相关的交互原理和设置。

【知识链接】

1. 关键帧动画的运动类型

通过关键帧动画运动类型的调节，控制动画运动的方式，即运动节奏的变化，如先快后慢、快－慢－快等。具体操作如下：

（1）选中关键帧动画的第一个关键帧。

（2）在"属性"面板选择"专有属性"→"运动"→"线性"，如图 4-31 所示。

2. 运动曲线编辑

基于关键帧动画，通过调节运动曲线，控制动画的运动方式。具体操作如下：

（1）选中关键帧动画的第一个关键帧。

（2）在"属性"面板选择"专有属性"→"运动"→"自定义运动曲线"，如图 4-32 所示。

图 4-31　运动类型

图 4-32　自定义运动曲线

（3）单击"编辑"按钮，打开"编辑运动曲线"对话框，可选择预调节物体的属性，包括水平偏移 X（即水平方向的运动方式）、垂直偏移 Y（即垂直方向的运动方式）、宽度、高度、透明度、旋转角等。从预置曲线中选择任意一个曲线类型，激活运动曲线，可对曲线进行编辑，如图 4-33 所示。

（4）其中，横坐标代表时间的进度，纵坐标代表动画的进度。选择预置曲线为"线性"，拖拽方向线编辑运动曲线样式，如图 4-34 所示。注：图中运动曲线表示运动速度，先快后慢。

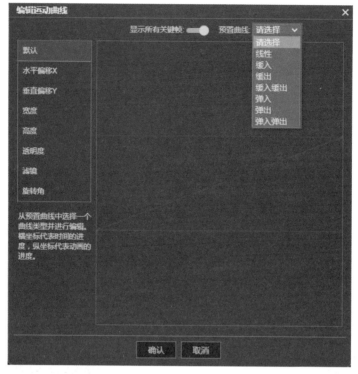

图 4-33 "编辑运动曲线"对话框

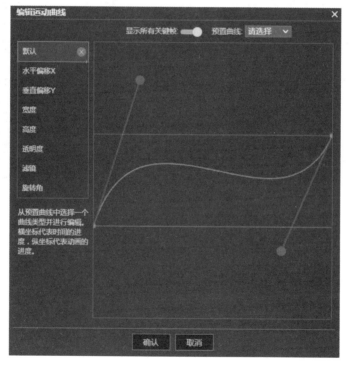

图 4-34 编辑运动曲线

（5）还可对物体的宽度、高度、透明度、旋转角等的动画进度进行调整，大家不妨动手按上述操作步骤试一试吧！

3. 页面的命名

为了防止后期作品修改会对页码产生影响，我们可以采用给页面命名的方式来实现页的跳转。具体操作如下：

（1）选中页面面板中页面下方文字部分，即可实现命名，如图 4-35 所示。

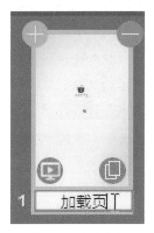

图 4-35 页面命名

（2）"跳转到页"行为可通过页号，亦可通过页名称来实现跳转，如图 4-36 和图 4-37 所示。

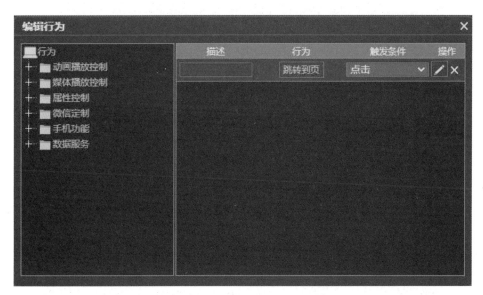

图 4-36 "编辑行为"对话框

图 4-37   "参数"对话框

【任务实施】

1. 新建作品，导入素材

新建一个 H5 作品，进入平台编辑器页面，在左侧"媒体"工具箱中单击素材库图标
，弹出"素材库"对话框，单击"添加文件夹"，命名为"摇一摇"，并上传素材，如
图 4-38 所示。

图 4-38   "素材库"对话框

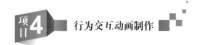

2. 首页动画制作

将"素材库"—"共享组"—"新手入门素材—平台共享"中的相关素材添加至舞台，并分别设置"预置动画"，见表4-1。

表 4-1　首页预置动画规划表

素材	预置动画	动画选项	
		时长	延迟
	放大进入	1.5s	
摇一摇	颤抖	1.5s	
寻找你的最佳偶像	蹦入	1.5s	1.5s

3. 第二页制作

（1）新建图层并重命名。将素材添加至相应图层中，如图4-39所示。

（2）为"上开""下开"图层分别插入关键帧动画，并分别选中"上开""下开"图层"第一帧"，在"属性"面板选择"运动"→"碰撞进入"，如图4-40所示。

图 4-39　图层设置　　　　　　图 4-40　设置运动属性

（3）制作"返回"按钮。绘制"返回"按钮，并单击右下角图标，在"编辑行为"对话框中选择"动画播放控制"→"跳转到页"，如图4-41所示；并单击"编辑"按钮，通过"页号"或"页名称"，实现目标页的跳转，如图4-42所示。

4. 第三、四页制作

（1）鼠标指针指向舞台左侧第二页缩略图，选择右下角"复制页面"按钮，对页面进行两次复制，生成第三、四页，如图4-43所示。

图 4-41　设置行为

图 4-42　设置页号

（2）替换"头像"图层中的内容。选中"头像"图层第一帧,在"属性"面板选择"图像"→"替换",如图 4-44 所示。

图 4-43　复制页面

图 4-44　替换图片

5. 首页交互动画制作

（1）为首页添加"禁止翻页"行为。选中"摇一摇"文字，在"编辑行为"对话框中选择"动画播放控制"→"禁止播放"，"触发条件"为"出现"，如图4-45所示。

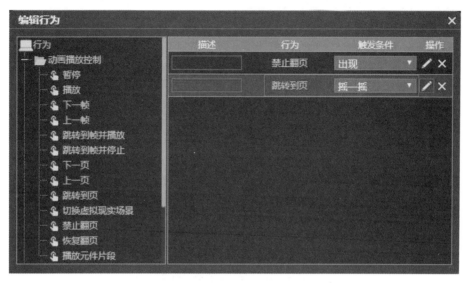

图 4-45 设置行为

（2）为首页添加"跳转到页"行为。选中"摇一摇"，在"编辑行为"对话框中选择"动画播放控制"→"跳转到页"；"触发条件"为"摇一摇"，如图4-45所示；单击"编辑"按钮，"页号"为"2;3;4"（注：页码之间用英文分号隔开，表示"或"的意思），即可实现随机跳转至第二页、第三页、第四页，如图4-46所示。

图 4-46 设置页号

6. 预览、保存并发布作品

按照上述步骤完成作品制作后，可单击工具栏中的预览按钮 ，预览无误后，保存并发布作品。

任务3 媒体播放控制动画制作——听解放路上的"声"活

听解放路上
的"声"活

【任务描述】

在新中国成立 70 年之际，结合不同城市的声音和图片，展示各城市具有历史性和纪念性的事件，记录城市的变迁，利用 Mugeda 平台的行为实现对音频视频等媒体素材的控制。本任务源自"闪电新闻"真实案例，节选部分页面进行讲解。H5 作品二维码如图 4-47 所示。

图 4-47　作品预览及二维码

【任务要求】

掌握媒体播放控制行为，掌握多种类型的媒体播放控制方式和它们之间的区别。

【知识链接】

1. 音频行为

在行为列表中，"媒体播放控制"包含了 4 个控制音频的行为，如图 4-48 所示。

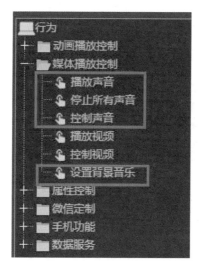

图 4-48　音频相关行为

（1）添加声音元件。单击"媒体"工具箱中的"素材库" ⊞ ，打开"素材库"对话框，单击上方的"音频"标签，切换到"音频"选项卡，如图 4-49 所示。

图 4-49　"音频"选项卡

"音频"选项卡包含"正版音乐库"和"私有"两部分。因版权保护，如果使用正版音乐，需要付费购买使用权。"私有"部分和图片素材类似，可以添加文件夹，管理个人的音乐素材，如图 4-50 所示，单击 "+"，打开 "导入声音" 对话框，可以将 MP3 文件拖动至此处，如图 4-51 所示，与图片素材操作相同。

图 4-50 "私有" 音频

图 4-51 导入音频素材

从音频素材库中选择声音文件，添加到舞台中，"元件" 面板中会自动生成声音元件，并且自动放置一个音频图标，如图 4-52 所示。预览页面时，可以单击音频图标播放声音；如舞台中不想显示该图标，可以删除，但声音元件不会被删除。

（2）播放声音。该行为主要控制声音元件，因此需要将声音文件提前添加到元件中，声音元件通常名为 "×××.mp3"，如图 4-53 所示，将声音元件添加到 H5 作品中以后，此处下拉列表框中才可以选择声音元件。

（3）控制声音。该行为主要控制音频元素，音频元素是声音元件实例，必须先将声音元件添加到舞台中，并为声音元素命名，如图 4-54 所示。

图 4-52　添加声音元件

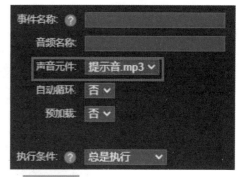

图 4-53　"播放声音"行为

图 4-54　创建声音元素

该行为的控制方式有"暂停""播放""停止""跳转并暂停""跳转并播放"五种，可以更加灵活控制声音，如图 4-55 所示。同时可以控制声音的音量，当选择"跳转并暂停""跳转并播放"时，可以设置跳转位置。

图 4-55　控制声音行为

（4）设置背景音乐。该行为主要控制背景音乐,可以设置背景音乐"图标的位置""播放状态""音量"和"播放位置",如图 4-56 所示。

图 4-56　设置背景音乐

（5）停止所有声音。该行为可以停止所有声音,包括背景音乐、音频元素和声音元件的声音,如图 4-57 所示。

图 4-57　停止所有声音

2. 视频行为

在行为列表中,"媒体播放控制"包含了 2 个控制视频的行为,如图 4-58 所示。

图 4-58　视频相关行为

（1）播放视频。该行为主要控制视频元件，视频元件的添加可以参考上述声音元件的步骤，当视频文件添加到元件列表中，此处"视频元件"选项才可以选择。

该行为可以设置播放视频的多种属性，可以为视频设置视频放置页面的"左"和"上"坐标位置，设置视频的"宽度"和"高度"，视频中是否显示控制条，以及是否为视频添加"关闭"按钮，具体选项如图 4-59 所示，视频显示样式如图 4-60 所示。

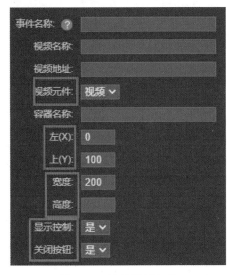

图 4-59　播放视频行为

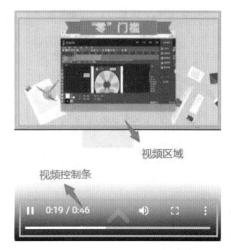

图 4-60　视频样式

（2）控制视频。该行为主要控制视频元素，与"控制声音"类似，需要在舞台中添加一个视频元件实例，并为视频元素命名，如图 4-61 和图 4-62 所示。

图 4-61　创建视频元素

图 4-62　控制视频行为

【任务实施】

1. 初始界面制作

（1）背景层。将所需图片素材放置到舞台中，如图 4-63 所示。

（2）提示层。

1）新建图层并命名为"提示"，绘制矩形，设置填充色为黑色，透明度为 60%。分别为提示文字设置预置动画，并设置适当的播放时长和延迟时间，如图 4-64 所示。

2）为文本添加行为——当"预置动画结束"，舞台进入"下一帧"。

图 4-63　背景层第 1 帧

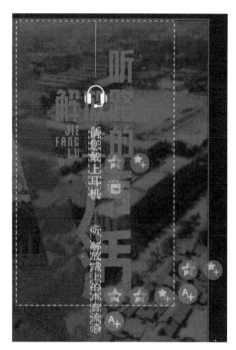

图 4-64　提示层第 1 帧

（3）控制层。

1）新建图层并命名为"控制"，在舞台外绘制一个图形，为图形添加行为——"出现"时舞台"暂停"，控制图形的行为如图 4-65 所示。

图 4-65　控制图形行为

2）初始页面播放时实际上包含两种声音：一个背景音乐，音量较低；一个开场音乐。将这两个音频文件从"素材库"中添加到舞台中，将音频图标拖放至舞台外，将背景音频元素命名为"背景"。

3）继续为图形添加行为，控制背景音乐音量为 10，如图 4-66 所示，当图形"出现"时，播放"开场"音乐，如图 4-67 所示。

2. 选择页面制作

（1）背景图层。在"背景"图层第 2 帧按 F5 键插入帧，按 F6 键插入关键帧，将图片素材放置到舞台中，如图 4-68 所示。

图 4-66 控制"背景"声音元素

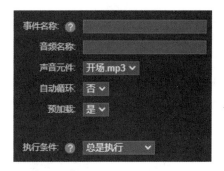

图 4-67 播放"开场.mp3"声音元件

图 4-68 背景第 2 帧

（2）控制图层。

1）将"控制"图层在第 2 帧按 F5 键插入帧，按 F6 键插入关键帧，将控制图形的行为设置为"出现"时舞台"暂停"，"停止播放所有声音"，如图 4-69 所示。

图 4-69 控制图形第 2 帧行为

2）选择控制层第 3 帧，按 F6 键插入关键帧，设置行为——当图形"出现"时舞台"暂停"。

（3）选择菜单制作。

1）新建图层并命名为"页面"，选择第 2 帧，按 F6 键插入关键帧，在舞台中绘制圆角矩形，输入文字，组合为按钮并复制多个，如图 4-70 所示。

图 4-70　"页面"图层第 2 帧按钮

2）为所有城市按钮添加行为——当"点击"时"跳转到帧并停止"。城市和帧号分别对应，例如，烟台 - 第 3 帧，济宁 - 第 4 帧，济南 - 第 5 帧，德州 - 第 6 帧，枣庄 - 第 7 帧。

（4）各地页面制作。

1）选择"页面"图层的第 3 ～ 7 帧，分别按 F6 键插入关键帧，将图片素材放置到舞台中，"烟台""济宁"城市页面如图 4-71 所示。按照同样的方法制作其他城市的页面。

图 4-71　"页面"图层的城市页面

2）为各城市页面中的文字设置预置动画，添加行为——当"出现"时播放声音。以"济南"页面为例，如图 4-72 所示，为所有城市添加相应的城市音频。

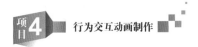

3）为各城市"返回"按钮添加行为——当"点击","跳转到帧并停止",跳转到第 2 帧的选择页面，如图 4-73 所示。

图 4-72　城市文字行为　　　　　　　　　　图 4-73　城市按钮行为

至此本任务完成，最终图层时间轴如图 4-74 所示。

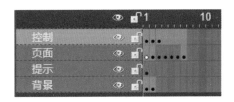

图 4-74　动画最终图层时间轴

 任务 4　属性控制交互动画制作——愚公精神

愚公精神

【任务描述】

愚公移山精神是中华优秀传统文化的重要标识。愚公移山的典故讲述的是愚公不畏艰难、子孙相继、挖山不止的故事，体现了中华民族知难而进、艰苦奋斗的伟大精神。千百年来，愚公移山的故事广为传颂，激励着中华儿女艰苦奋斗、奋勇前进。

本任务以"愚公移山精神"为主题，具体讲解属性控制交互动画的制作。作品效果图如图 4-75 所示，手机扫描二维码即可预览作品。

图 4-75　愚公移山

【任务要求】

掌握属性控制相关交互原理。

【知识链接】

1. 元素的命名

（1）选中舞台中的元素。

（2）在"属性"面板最上端的"名称"文本框中输入名称（中英文皆可），如图 4-76 所示。

2. "改变元素属性"行为参数设置

（1）单击"添加 / 编辑行为"图标 ，打开"编辑行为"对话框，如图 4-77 所示。

图 4-76　形状命名　　　　　　　　　　图 4-77　"编辑行为"

（2）在"编辑行为"对话框中，单击"编辑"图标 ✎，打开"参数"对话框，分别对"元素名称""元素属性""赋值方式""取值"等参数进行设置，如图4-78～图4-80所示。

图 4-78　元素属性

图 4-79　赋值方式

图 4-80　取值

【任务实施】

1. 新建作品，导入素材

新建一个 H5 作品，进入平台编辑器页面，在左侧"媒体"工具箱中单击素材库图标，弹出"素材库"对话框，单击"添加文件夹"，命名为"愚公精神"，并上传素材，如图 4-81 所示。

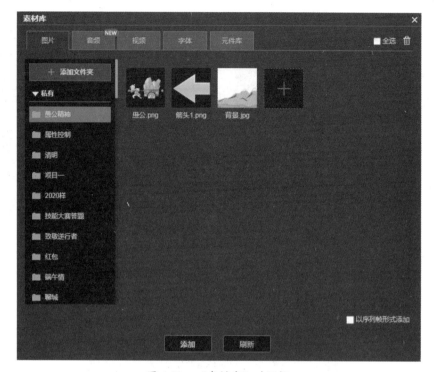

图 4-81　"素材库"对话框

2．新建图层，并进行版式设计

新建图层，将素材分别添加至不同图层上，如图 4-82 所示；并进行版式设计，如图 4-83 所示。

图 4-82　图层面板

3．制作元件动画

（1）制作"箭头"元件动画。选中"箭头"，右击并选择"转换为元件"，如图 4-84 所示；双击进入元件动画编辑界面，制作箭头运动关键帧动画，时间轴如图 4-85 所示。

（2）制作"加油"元件动画。选中"加油"文字，右击并选择"转换为元件"，如图 4-86 所示；双击进入元件动画编辑界面，制作"加油"元件动画，时间轴如图 4-87 所示。

图 4-83 版面样式

图 4-84 转换为元件

【箭头】左移

图 4-85 时间轴样式

图 4-86 转换为元件

文字透明度设为0， 文字透明度
添加【出现即暂停】行为 设为0

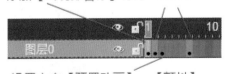

设置文字【预置动画】-【颤抖】

图 4-87 时间轴样式

4. 制作属性控制交互动画

（1）为元素命名。选中"愚公"素材，在"属性"面板的"名称"文本框中输入名称，如图 4-88 所示。

图 4-88　元素命名

（2）选中"箭头"，单击"添加 / 编辑行为"图标，打开"编辑行为"对话框，设置行为如图 4-89 所示。

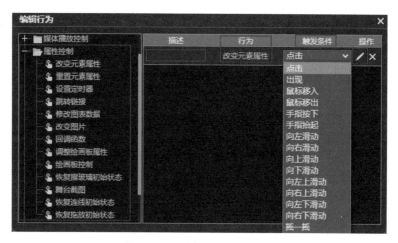

图 4-89　"编辑行为"对话框

（3）单击"编辑"图标，打开"参数"对话框，设置参数如图 4-90 所示。

图 4-90　参数设置

5．制作元件播放控制交互动画

（1）在舞台上选中"加油"元件，将其命名为 text，如图 4-91 所示。

图 4-91　元件命名

（2）选中"箭头"，单击"添加 / 编辑行为"图标 ，打开"编辑行为"对话框，继续为其设置行为，如图 4-92 所示。参数设置如图 4-93 所示。

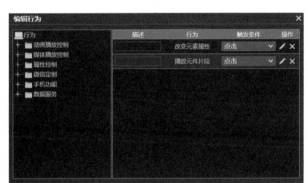

图 4-92　"编辑行为"对话框

图 4-93　参数设置

6．预览、保存并发布作品

按照上述步骤完成作品制作后，可单击工具栏中的预览按钮 ，预览无误后，保存并发布作品。

任务 5　逻辑控制交互动画的制作——中华成语故事

中华成语故事

【任务描述】

中华成语故事有着深厚的历史背景和丰富的文化内涵，是中国传统文化的一大标志。作为每一个中国人，我们不仅要认识成语，更要了解成语中的典故，以及其中蕴含的哲理。

下面我们以"拼成语"小游戏为例，具体讲解一下逻辑控制交互动画的制作。作品效果图如图 4-94 所示，手机扫描二维码即可预览作品。

图 4-94 "中华成语故事" H5 作品

【任务要求】

熟悉逻辑控制设置方法，掌握逻辑控制交互动画的制作原理。

【知识链接】

1. 取值的方法

给某元素命名为 a，获取 a 的值的逻辑表达式为 {{a}}。

2. 获取元素的属性

{{a.top}} 元素 a 的上坐标

{{a.left}} 元素 a 的左坐标

{{a.height}} 元素 a 的高

{{a.width}} 元素 a 的宽

{{a.text}} 文本框 a 中的字符

3. 基本运算符

（1）算术运算符。

+ 加 — 减 * 乘 / 除

（2）比较运算符。

== 等于 != 不等于 >=大于等于 <=小于等于

（3）逻辑运算符。

|| 或（两者满足其一）　&& 与（两者同时满足）

4. 保留小数点后几位小数

～～ 取整数

{{a}}.toFixed(n)　a 保留小数点后 n 位小数

【任务实施】

1. 新建作品，导入素材

新建一个 H5 作品，进入平台编辑器页面，在左侧"媒体"工具箱中单击素材库图标 ，弹出"素材库"对话框，单击"添加文件夹"，命名为"中华成语"，并上传素材，如图 4-95 所示。

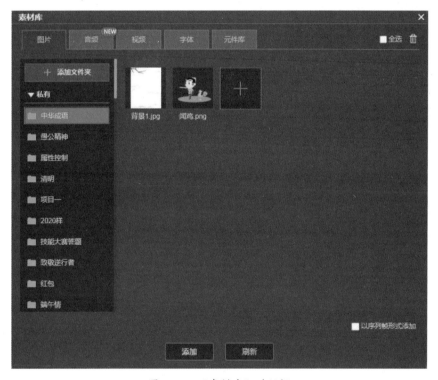

图 4-95　"素材库"对话框

2. 新建图层，并进行版式设计

新建图层，将素材分别添加至不同图层上，如图 4-96 所示；并进行版式设计，如图 4-97 所示。

3. 设置相关文字为"自由拖动"

依次选中相关文字，如图 4-98 所示，在右侧"属性"面板选择"拖动 / 旋转"→"自由拖动"，如图 4-99 所示。

图 4-97　版面样式

图 4-96　图层面板

图 4-98　相关文字

图 4-99　"属性"面板

4. 为相关元素命名，并调整相关属性

元素命令见表4-2。

表 4-2　元素名称及相关属性表

元素	元素名称	透明度
闻	wen	
鸡	ji	
	tu	0
请再想一想！	wrong	0

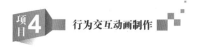

4. 分别为文字"文、问、即、级"添加行为动画

选中文字,单击"添加/编辑行为"图标 A₊,打开"编辑行为"对话框,设置行为如图 4-100 所示,参数设置如图 4-101 和图 4-102 所示。

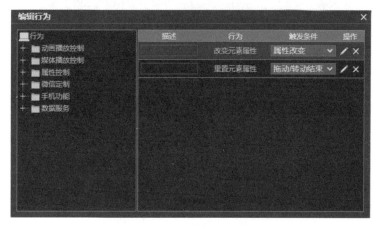

图 4-100　"编辑行为"对话框

图 4-101　"改变元素属性"参数

图 4-102　"重置元素属性"参数

效果:当这些文字被拖动时,会出现"请再想一想"提示信息,拖动结束后,提示信息会消失。

5. 为文字"闻"制作逻辑控制交互动画

选中文字,单击"添加/编辑行为"图标 A₊,打开"编辑行为"对话框,设置行为如图 4-103 所示,参数设置如图 4-104 所示。

效果:当"闻"字被拖动至相应位置时,下面图片显示 50% 透明。

相关逻辑表达式为:{{wen.left}}>38.6&&{{wen.left}}<44.6&&{{wen.top}}>85.2&&{{wen.top}}<98.2(注:数值范围因实际情况而定)

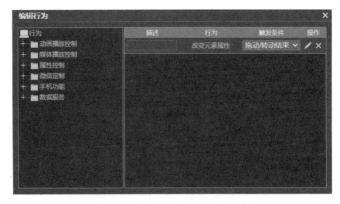

图 4-103 "编辑行为"对话框

图 4-104 相关参数设置

6. 为文字"鸡"制作逻辑控制交互动画

选中文字，单击"添加/编辑行为"图标 ，打开"编辑行为"对话框，设置行为如图 4-105 所示，参数设置如图 4-106 所示。

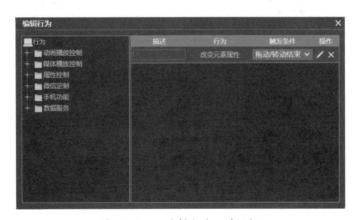

图 4-105 "编辑行为"对话框

图 4-106 相关参数设置

效果：当"鸡"字被拖动至相应位置时，下面图片显示 100% 透明。

相关逻辑表达式为：{{ji.left}}>101&&{{ji.left}}<108&&{{ji.top}}>85.2&&{{ji.top}}<97.2（注：数值范围因实际情况而定）

7. 预览、保存并发布作品

按照上述步骤完成作品制作后，可单击工具栏中的预览按钮，预览无误后，保存并发布作品。

项目拓展

1. 制作"会飞的机器猫"，用属性控制交互动画。

2. 以"口罩的正确佩戴方式"为主题，制作逻辑控制交互动画。

思考与练习

1. 逻辑表达式中的表示元素的坐标的上和左属性是什么？宽和高属性是什么？

2. 赋值方式中，"用设置的值替换现有值"与"在原有属性值增加"的区别是什么？

项目 **5**

工具应用动画制作

项目导读

本项目使用 Mugeda 平台中的实用工具来制作动画，如虚拟现实、微信定制、陀螺仪、定时器、随机数等工具，利用这些工具可以增加动画的创新性和趣味性，并且应用非常广泛。通过本项目的学习，使读者能够认识 Mugeda 平台中的多种实用工具，了解工具的原理，能够举一反三，综合利用多种工具，制作多种类型的创意 H5 动画。

教学目标

★掌握虚拟现实工具的使用，制作全景展示 H5 动画。

★掌握微信定制相关工具的使用，制作微信定制类 H5 动画。

★掌握陀螺仪、定时器、随机数工具的使用，制作创意 H5 动画小游戏。

校园全景游览

 任务**1** 虚拟现实全景场景制作——校园全景游览

【任务描述】

当前科技技术的发展，虚拟现实技术非常普及，我们要紧跟时代发展，不断探索新科技和新技术，发扬创新精神，持续学习，而 H5 作品如今也可以利用虚拟现实全景技术进行展示。本任务利用 Mugeda 的虚拟现实工具，制作 VR 全景游览创意 H5 作品，作品预览二维码如图 5-1 所示。

【任务要求】

掌握虚拟现实场景相关操作，掌握热点设置和播放控制等交互行为的设置。

图 5-1 作品预览效果及二维码

【知识链接】

在 Mugeda 平台中有很多非常实用的小工具，学习这些工具的使用，会让我们的 H5 作品更加富有创意性和实用性。

1. 幻灯片工具

（1）创建幻灯片。幻灯片工具可以模拟网页中常见的"轮播图"效果，比较适用于图片展示等场景。单击"媒体"工具箱中的"幻灯片"图标，如图 5-2 所示，在舞台中绘制一个区域，即幻灯片展示区域。单击右侧的"属性"面板，在"图片列表"中单击"+"，添加图片素材，如图 5-3 所示。

图 5-2 幻灯片工具

图 5-3 添加图片

从素材库中选择多个图片，添加到"图片列表"中，舞台中的幻灯片如图5-4所示，在幻灯片的"图片列表"中拖动图片缩略图，可以调整幻灯片的播放顺序，幻灯片预览效果如图5-5所示，左右滑动可以进行翻页展示。

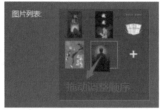

图 5-4　幻灯片　　　　　　　　　　　　　图 5-5　幻灯片预览效果

（2）设置幻灯片属性。在"属性"面板的"专有属性"中，可以设置幻灯片的"展示方向""显示方式""显示导航""自动播放"和"播放间隔"，如图5-6所示。

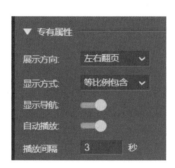

图 5-6　设置幻灯片属性

- "展示方向"：包括左右翻页和上下翻页，默认为左右翻页。如果设置为"上下翻页"，当作品中包含多个页面且上下滑动页面时，将优先进行各页面的翻页而不是翻动幻灯片的页面，因此幻灯片一般设置为"左右翻页"。

- "显示方式"：主要包括等比例包含、等比例覆盖、填充颜色，默认为"等比例包含"，三种方式的示例如图5-7所示。"等比例包含"和"等比例覆盖"两种方式在调整图片大小时会一直保持长宽比，而"等比例覆盖"和"填充颜色"会将图片填满幻灯片区域。

- "自动播放"：打开自动播放时，设置自动播放间隔时间，幻灯片将自动轮播。

（a）等比例包含　　　　　　　（b）等比例覆盖　　　　　　　（c）填充颜色

图 5-7　幻灯片的三种显示方式

2. 网页工具

在 H5 作品中经常会打开网页链接展示网页，此时就会用到"网页"工具。

（1）网页工具及属性设置。单击"媒体"工具箱中的"网页"图标，如图 5-8 所示，在舞台中绘制一个区域，即网页展示区域。

在"属性"面板的"网页地址"文本框中输入网址，如 http://www.baidu.com（此处一定要输入完整的网址格式），如图 5-9 所示。

图 5-8　网页工具

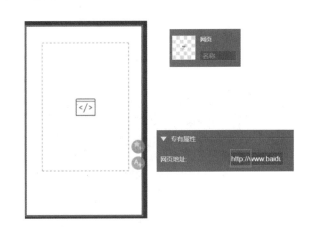

图 5-9　绘制网页

www 前缀网页通常为 PC 端页面显示，此处可以输入 http://m.baidu.com，预览为适配手机端的百度页面，如图 5-10 所示。

（2）网页相关行为。与网页相关的行为主要是"跳转链接"行为。在舞台中创建一个文本，为文本添加行为，如图 5-11 所示。

预览页面，单击文字，在当前页面打开"百度"网页，也可以设置打开位置为"新窗口"。

3. 图片素材处理

虚拟现实场景一般需要用到全景照片，而全景照片通常为高清大图片，文件大小和分辨率非常大，如果直接在 H5 作品中使用这种图片，打开预览作品时的加载时间非常长，会严重影响预览体验。因此，在 H5 作品中使用的图片素材、视频和声音文件，一般要进行处理，压缩图片素材文件大小和分辨率，降低视频分辨率，减少音频播放时长或适当降低音质。

图 5-10 预览结果

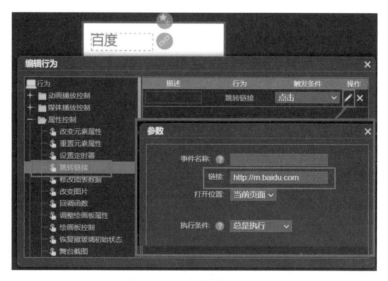

图 5-11 "跳转链接"行为

（1）图片素材处理原则。本任务中用到两个场景的全景图片，例如校园全景图片，其原图分辨率为 8192×4096，文件大小为 11.8MB，显然不能直接使用，因此我们需要根据舞台大小进行图片素材的处理。本任务中舞台分辨率为 320×520 像素，一般图片素材处理到舞台大小的双倍精度；Mugeda 平台的虚拟工具要求全景图片宽高比为 2:1。

（2）Photoshop 处理图片。打开 Photoshop，单击"图像"菜单中的"图像大小"，将图片大小调整为 2080×1040 像素，另存图片，如图 5-12 和图 5-13 所示。

图 5-12　修改图像大小

图 5-13　另存图片

（3）压缩文件大小。修改图像后，图像大小从原来的 96MB 变为 1.56MB，但是对于 H5 作品来说仍然太大，需要进一步压缩。打开浏览器，地址栏输入 https://tinypng.com/，打开网页如图 5-14 所示。这款图片压缩工具可以保持较好的画面质感并较大程度地压缩文件大小。

图 5-14　图片压缩页面

将修改后的图片拖到虚线框中，然后开始进行图片压缩处理，如图5-15和图5-16所示。此处可以一次批量处理20个图片，每个文件不超过5MB。

图5-15　拖放图片

图5-16　图片处理结果

图片处理完成后单击download，下载压缩后的图片。经过压缩处理，当前图片大小变为320KB，可以使用。

按照以上步骤，将本任务中所需要的两个主场景全景图片处理好。

4. 虚拟现实工具

单击"媒体"工具箱中的"虚拟现实"图标，如图5-17所示，在舞台中绘制一个区域，即虚拟现实展示区域，松开鼠标后自动弹出窗口"导入全景虚拟场景"，在此窗口下导入全景图片素材。在Mugeda中制作虚拟现实全景效果，图像宽高比一般为1:2或1:6。

图5-17　虚拟现实工具

除了用于虚拟现实主场景的两张全景图片素材以外，通常需要准备场景缩略图，以

及用于展示热点播放的竖版图片、视频或音频等素材。本任务中所需要的素材如图5-18
所示。

（a）校园场景

（b）室内场景

（c）场景缩略图

图 5-18 本任务的图片素材

【任务实施】

1. 各图层规划

新建一个 H5 作品，在图层和时间轴面板新建三个图层，分别为"说明""VR""控制"三个图层，如图 5-19 所示。

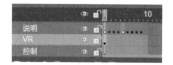

图 5-19　图层及时间轴

每个图层的功能如下：

（1）控制层：控制时间轴播放暂停。

（2）VR 层：使用虚拟 VR 工具建立场景。

（3）说明层：展示各热点的说明文字，其中第 2 ～ 4 帧对应校园场景三个热点帧；第 6 ～ 9 帧对应室内场景的各个热点帧。

2. "VR" 场景的创建

（1）选择"VR"图层，单击"媒体"工具箱中的"虚拟现实"工具▮▮，在舞台中拖动鼠标指针绘制与舞台大小相同的虚拟现实播放区，如图 5-20 所示。

（2）松开鼠标后，弹出"导入全景虚拟场景"对话框，双击播放区同样也可以打开该页面，如图 5-21 所示。

图 5-20　虚拟现实工具

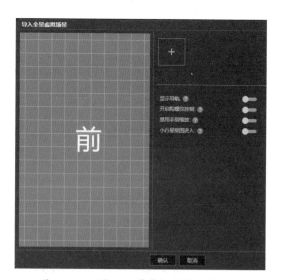

图 5-21　"导入全景虚拟场景"对话框

（3）单击"+"按钮，打开"素材库"，将图 5-7 中准备好的图片素材拖入素材库中，单击添加按钮，导入图片。

（4）在"素材库"中选择校园场景图，将该图片添加到"导入全景虚拟场景"对话框中，如图 5-22 和图 5-23 所示。

图 5-22　选择场景 1 图片

图 5-23　设置场景

（5）单击页面中的"场景"，修改场景名为"校园"，系统自动识别分配场景图片、预览图片以及缩略图，单击"缩略图"，更换准备好的缩略图图片素材。暂时打开"显示导航"开关，打开"开启陀螺仪控制"开关。单击"+"，用同样的方法创建第二个场景，单击"确定"后，完成设置，预览作品效果如图 5-24 所示，单击导航图标可以切换场景及隐藏导航。

3. 热点添加和设置

（1）"说明"图层的设置。选择时间轴"VR"层的第 10 帧，按 F5 键将该图层播放时长延至第 10 帧。选择"说明"图层的第 2 帧，按 F6 键添加关键帧，在舞台上创建内容如图 5-25 所示，此帧作为热点展示内容。为半透明背景图形添加行为——"单击"时"跳转到帧并停止"，设置帧号为 1。

图 5-24　系统自带导航效果

继续按 F6 键添加关键帧，在第 3 ～ 9 帧添加类似内容，如图 5-26 和图 5-27 所示，分别作为每个关键帧展示内容。然后将第 5 帧内容删除，作为两个场景的分隔以便观察，时间轴如图 5-19 所示。分别设置半透明背景交互行为，如图 5-28 所示；分别设置 3 ～ 4 帧单击时跳转到第 1 帧，6 ～ 9 帧单击时跳转到第 5 帧，达到单击时"说明"文字消失的效果。

图 5-25　"说明"层第 2 帧　　　图 5-26　"说明"层第 3 帧　　　图 5-27　"说明"层第 6 帧

（2）双击 VR 播放区，打开"导入全景虚拟场景"对话框，切换到"热点"面板，单击"+"在场景的正前方处适当位置添加热点图标，并命名为"行政楼"。单击"编辑"按钮，设置单击热点的行为——当"单击热点"时"跳转到帧并停止",编辑帧号为 2,如图 5-29 ～图 5-31 所示。

图 5-28　半透明背景行为

图 5-29　校园场景的各个热点的设置

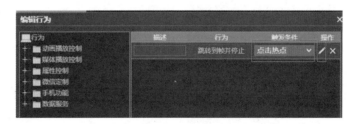

图 5-30　编辑热点行为

图 5-31　设置跳转帧号

（3）用同样的方法设置"室内"场景中的各个热点。

4. 设置"控制"层

让作品预览时停止在第 1 帧便于展示，设置停止行为。选择控制层第 1 帧，在舞台外创建一个形状，为形状添加行为，如图 5-32 所示。

图 5-32　控制层第 1 帧

5. 预览、保存并发布作品

按照上述步骤完成作品制作后，可单击工具栏中的预览按钮 （此处为图标），预览无误后，保存并发布作品，预览效果如图 5-33 所示。

图 5-33　作品预览效果

贺卡制作

任务 **2** 微信定制页面制作——贺卡制作

【任务描述】

老师是一份高尚的、令人尊敬的、无私奉献的职业，每个人的成长过程中都离不开老师的辛苦培养。每年的 9 月 10 日是"教师节",为了向所有的老师表达教导之恩,制作一个教师节贺卡 H5 动画,以感谢老师的无私奉献,并致以真诚的敬意。

本任务学习表单等工具的使用,并利用 Mugeda 的微信相关工具,如微信头像、微信昵称、定制图片和录音工具,完成微信定制贺卡的制作,贺卡预览如图 5-34 所示。

图 5-34　贺卡预览二维码

【任务要求】

掌握微信头像、昵称、定制图片等基本操作,掌握表单工具的使用,掌握编辑表单的操作。

【知识链接】

1. 自定义表单工具

（1）表单工具。在"表单"工具箱中有多个自定义表单工具,如图 5-35 所示,包括输入框、单选框、复选框、列表框。

在舞台中创建文本和按钮,如图 5-36 所示。单击"输入框"工具,在"姓名""手机号"后面分别添加输入框,并设置输入框属性,如图 5-37 所示。

图 5-35　表单工具箱

图 5-36　创建文本和按钮

图 5-37　添加输入框并设置属性

单击"单选框"工具，添加单选框并设置属性，如图 5-38 所示。

单击"复选框"工具，添加复选框并设置属性，如图 5-39 所示。复选框外观可以设置为"定制"，预览效果如图 5-40 所示。

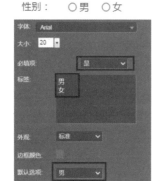

图 5-38　添加单选框并设置属性

图 5-39　添加复选框并设置属性

页面预览效果如图 5-41 所示。

图 5-40　定制复选框　　　　　　　　图 5-41　页面预览效果

（2）表单行为。我们通过一个案例来学习表单相关行为的应用。

当单击"提交"按钮时，将数据提交至后台，如果成功提交，则跳转至成功帧，否则跳转至失败帧。在这里也可以设置成功页和失败页。

选择图 5-41 页面的第 2 帧，按 F6 键插入关键帧，在页面中添加文本"提交成功"，在第 3 帧按 F6 键插入关键帧，添加文本"提交失败"。

选择第 1 帧的"提交"按钮，为其添加"出现""暂停"行为，使其停止在第 1 帧。继续为其添加行为——当"点击"时，选择"数据服务"中的"提交表单"行为，如图 5-42 和图 5-43 所示。

图 5-42　添加行为　　　　　　　　图 5-43　"提交"按钮行为

编辑行为，设置参数，如图 5-44 所示。"提交目标"通常默认选择"默认数据服务"，并且可以在后台查看数据；"指定提交地址"是指提交到第三方，必须要返回 JSONP 格式数据。"提交对象"指需要提交的表单项；"操作成功后"和"操作失败后"在此处分别设置对应的帧号，如图 5-44 所示。

预览页面，输入数据，单击"提交"，提交时会对输入的数据进行表单验证，主要验证"非空""格式""长度"等。

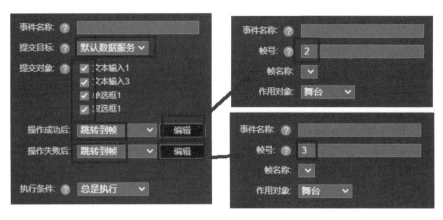

图 5-44　编辑行为

当输入数据不符合电话号码要求时，表单验证弹出"格式不正确"提示；当输入数据大于 11 个字符的时候，弹出"最多可以输入 11 个字符"的提示；当文本框中不输入字符时，弹出"不能为空"提示，如图 5-45 所示，单击"确定"重新输入数据。

当输入的所有数据符合要求时，单击提交后，验证通过，则跳转到"提交正确"页面，如图 5-46 所示。

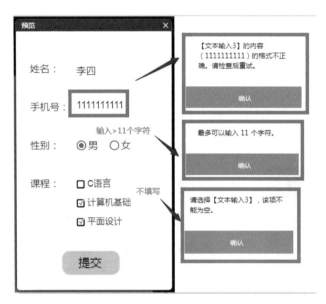

图 5-45　表单验证提示

（3）数据查看。对于已经提交的数据，我们可以到后台查看。打开"我的作品"页面，在当前作品中单击"查看数据"图标，如图 5-47 所示，打开"数据统计"页面，单击"用户数据"标签，可以查看到已经提交成功的数据信息，如图 5-48 所示。在这个页面还可以对数据进行"删除"和"导出"操作。

图 5-46　提交成功　　　　　　　　　　图 5-47　查看数据

图 5-48　用户数据统计页面

2. 微信定制工具

（1）微信头像。在"微信"工具箱中，单击"微信头像" 👤，舞台会出现一个图标，用于获取微信头像；图标默认交互行为，一般无需改动，如图 5-49 所示，触发条件为"出现"，行为为"显示微信头像"，浏览效果为，当用微信浏览页面时，图标自动显示当前微信的头像。

图 5-49　微信头像图标和行为

（2）微信昵称。在"微信"工具箱中，单击"微信昵称" 🖼，舞台会出现一行文字，如图 5-50 所示，用于获取微信昵称。图标默认交互行为，一般无需改动，如图 5-51 所示，触发条件为"出现"，行为为"显示微信昵称"，浏览效果为，当用微信浏览页面时，文字自动显示当前微信的昵称。

图 5-50　微信昵称　　　　　　　　　　图 5-51　"微信昵称"行为

（3）定制图片。在"微信"工具箱中，单击"定制图片" ，舞台会出现一个图标，如图 5-52 所示。图标默认交互行为，一般无需改动，如图 5-53 所示，触发条件为"单击"，行为为"定制图片"，浏览效果为，当用浏览页面时，单击图标，拍摄或从相册选择图片后，自动显示修剪框，确定修剪图像范围后，生成图像，默认裁剪为圆形图像。

图 5-52　定制图片　　　　　　　　　　图 5-53　"定制图片"行为

在舞台上选择定制图片图标，单击工具箱中的"变形"工具，调整图标大小，此时图标外层有一个红圈，如图 5-54 所示，红圈大小即最终裁剪后的图片大小。单击工具箱中的"节点"工具，可以对红圈的节点进行调整，以修改最终的图片显示形状和大小，如图 5-55 所示。

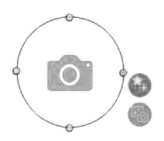

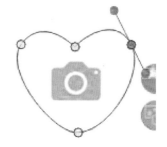

图 5-54　定制图片默认形状　　　　　　　图 5-55　定制图片调整形状

（4）录音。在"微信"工具箱中，单击"录音"，舞台会出现两个图标，如图 5-56 所示，其中话筒形状图标系统默认行为，如图 5-57 所示，播放图标为音频对象，默认命名为"录音 #0"。浏览效果为，当单击话筒图标，开始录音，再次单击图标结束录音，该录音音频自动保存至"录音 #0"中。此时单击播放形状图标，即可播放录音。

图 5-56　录音图标

3. 定制表单

在 Mugeda 平台中，除了可以设置对象的行为动作以外，还可以设置对象的文字，即定制表单文字，通常可应用在贺卡类作品中。例如，在舞台中放置一行文字，在"属性"面板的"动作"属性中选择"表单"，如图 5-58 所示。单击舞台中文本的行为按钮，弹出"编辑表单"对话框，如图 5-59 所示，通过设置相关选项可实现文字定制效果。接下来通过具体任务了解定制表单的设置。

图 5-57 录音工具"话筒"图标行为

图 5-58 设置文本的表单动作

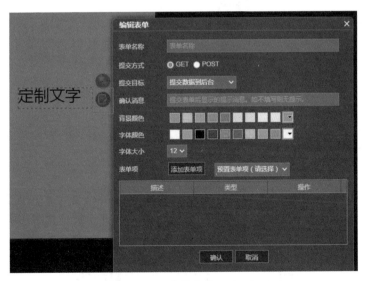

图 5-59 "编辑表单"对话框

【任务实施】

1. 第一页页面制作

（1）设置舞台背景颜色为浅绿色，颜色值如图 5-60 所示，添加页面上下部分的树叶素材，使用文本工具，输入文字，如图 5-61 所示；使用圆角矩形工具和文本工具制作"打开"按钮，选择这两个对象，按 Ctrl+G 组合键编组；为页面中的各对象设置预置动画及时间。

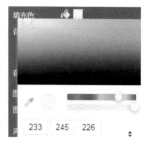

图 5-60　舞台背景

（2）添加微信头像和微信昵称，并设置预置动画，调整时间，如图 5-62 所示。

图 5-61　添加元素及预置动画

图 5-62　添加微信头像和昵称

（3）为"打开"按钮组添加行为。为达到只能点击按钮播放贺卡效果，可以在第一页的任意对象上设置"出现"时"禁止翻页"行为。本例设置在"打开按钮"上，同时设置"点击"时，播放下一页，如图 5-63 所示。

图 5-63　打开按钮行为

2. 第二页页面制作

（1）"难忘师恩"图层。单击页面栏中第一页的复制按钮,生成第二页,保留树叶素材,删掉其他对象,添加素材美化页面,并为各对象设置预置动画及持续和延迟时间,如图 5-64 所示。

图 5-64　第二页页面

在时间轴将当前图层命名为"难忘师恩",在第 90 帧处按 F5 键,将动画持续至 90 帧,如图 5-65 所示。

图 5-65　时间轴

（2）"文字"图层。新建图层并命名为"文字",在当前图层的第 40 帧处按下 F6 键,新建关键帧,在舞台上绘制与舞台大小相同的矩形,填充为白色,透明度为 40%;绘制圆角矩形,填充为白色,透明度为 80%,宽为 295 像素,高为 400 像素。

创建三个文本,分别输入文本,并在"属性"面板中,分别将三个文本命名为"发件人""祝福词""收件人",如图 5-66 所示。

图 5-66　文本命名

复制第一页中的"打开"按钮，删除预置动画及行为，修改文字为"定制祝福"，页面如图 5-67 所示。为页面中的对象分别添加预置动画，设置持续时间和延迟时间。

（3）定制祝福文字。选择"定制祝福"按钮，在属性面板中设置"动作"为表单，如图 5-58 所示。单击按钮的行为图标，打开"编辑表单"对话框，输入相关参数，如图 5-68 所示。单击"添加表单项"，分别添加三个表单项，如图 5-69～图 5-71 所示。

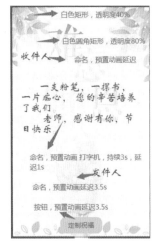

图 5-67 文字层页面

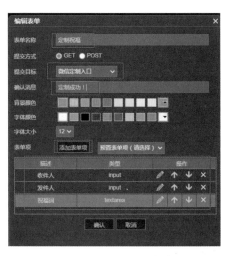

图 5-68 定制祝福表单

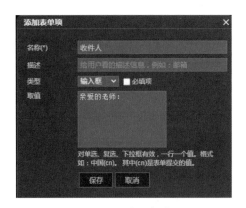

图 5-69 收件人表单项

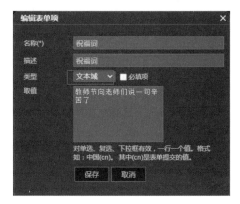

图 5-70 祝福词表单项

图 5-71 发件人表单项

3. 预览、保存并发布作品

按照上述步骤完成作品制作后，可单击工具栏中的预览按钮，浏览页面。第一页如图 5-72 所示，获取微信头像和昵称；第二页当单击"定制祝福"后，弹出定制表单页面，如图 5-73 所示，输入文字后单击"确定"，定制成功，如图 5-74 所示，重新播放作品，显示定制文字，如图 5-75 所示。

图 5-72　预览第一页

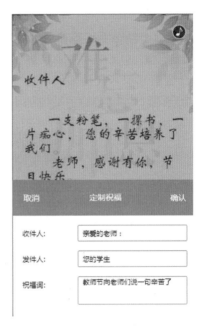

图 5-73　定制表单页面

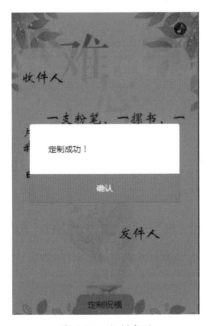

图 5-74　定制成功

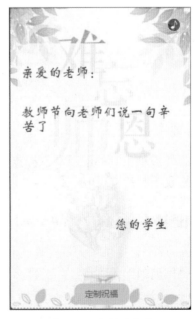

图 5-75　定制后文字

陀螺仪的应用——滚动的小球

滚动的小球

【任务描述】

具有交互性的创意性较强的 H5 作品，常常会吸引更多的用户。本任务利用 Mugeda 的陀螺仪工具，结合手机等移动设备的陀螺仪，制作外力感应的交互创意动画。

在动画制作过程中，要求认真辨别三种陀螺仪，并充分了解陀螺仪的原理，设置数据要结合变量知识，代码输入严谨规范，发挥精益求精的工匠精神。任务动画预览效果如图 5-76 所示，通过转动手机控制小球的移动。

图 5-76　作品预览效果及二维码

【任务要求】

掌握擦玻璃工具的应用，掌握点赞工具的应用，了解陀螺仪的基本原理和设置方法，掌握陀螺仪工具的应用。

【知识链接】

Mugeda 平台提供了大量控件工具，具有较强的实用性和创意性。本任务我们先来认识一下"擦玻璃"和"点赞"工具。

1．"擦玻璃"工具

（1）创建"擦玻璃"。在"控件"工具箱中单击"擦玻璃"工具 ，在舞台中绘制一个区域，在"属性"面板的"专有属性"中设置其属性，如图 5-77 所示，分别设置背景和前景图片，设置图片位置，根据实际情况设置适当的图片适配方式以及偏移量，以及橡皮擦擦除相关属性。

预览页面，单击鼠标进行擦除，效果如图 5-78 所示。

图 5-77　"擦玻璃"属性设置

图 5-78　预览效果

（2）"擦玻璃"相关行为。

1）与"擦玻璃"相关的"触发动作"为"擦玻璃完成"，当"擦玻璃完成"时，设置行为结果。例如，在当前擦玻璃页面下方创建一个新的页面，选择舞台中的"擦玻璃"对象，添加行为——当"擦玻璃完成"时，跳转"下一页"，如图 5-79 所示。

图 5-79　"擦玻璃"触发动作

预览页面，擦除图片，当擦除到一定程度后，跳转下一页。

2）与"擦玻璃"相关的行为有"恢复擦玻璃初始状态"，如图 5-80 所示，请自行练习，此处不再赘述。

图 5-80　　"擦玻璃"行为

2．"点赞"工具

（1）创建"点赞"并设置属性。单击"控件"工具箱中的"点赞"工具，在舞台中拖动鼠标绘制一个点赞对象，默认命名为"点赞 1"，如图 5-81 所示。

图 5-81　创建"点赞"

在"属性"面板中的"专有属性"区域可以对"点赞"进行属性的设置，主要包括点赞前后的图片设置，默认点赞数文字位置、颜色、大小设置，以及点赞功能设置等，如图 5-82 所示。

需要注意的是，点赞数在舞台中显示为红色，但是实际默认颜色为白色。

预览页面，单击点赞工具，点赞数 +1，再次单击，会撤销点赞。如果设置"不允许撤销"，则预览时不可以撤销。

设置"允许多次点赞"，则可以实现连续单击点赞，增加点赞数。同时可以设置"多次点赞间隔"，例如设置为"3 秒"，预览时只能等待 3 秒后才可以再次点赞，如果连续点赞，则弹出提示，如图 5-83 所示。

"隐藏提交提示"设置为"关闭"状态时，默认每次点赞会出现"提交提示"信息，如图 5-84 所示，如果设置为"打开"，则不会出现该提示。

另外还可以设置"每次增加数"，默认为 1，可以自行更改。

图 5-82　"点赞"属性设置

图 5-83　点赞频繁提示

图 5-84　提交提示

图 5-85　设置点赞文字透明度

（2）点赞数的关联。"点赞"工具默认的点赞数样式和位置相对固定，无法将二者分离。因此，我们可以设置一个文本，用来记录点赞数。例如，将"点赞 1"的"文字颜色"设置透明度为 0，如图 5-85 所示。创建一个文本，设置文字为"0"，点击 图标，设置属性关联，如图 5-86 所示。

预览页面，单击"点赞"，文本会记录点赞数值，如图 5-87 所示。

图 5-86　设置文本属性关联

10

图 5-87　文本关联点赞数

（3）常用点赞动画设置。在实际应用中，经常会在每次点赞时，点赞数增长时会有动画效果，使页面看起来更加灵动。

选择文本对象，将其命名为"点赞数"，添加预置动画，如图5-88所示。选择"点赞1"，为其添加行为——当"点击"时，"播放"动画，设置播放文本的预置动画，如图5-89所示。

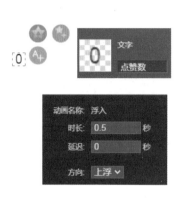

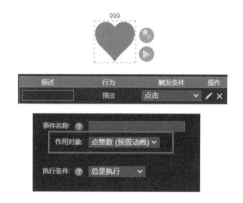

图 5-88　文本设置预置动画　　　　　　　　图 5-89　设置点赞行为

3. 陀螺仪工具

（1）创建陀螺仪。

单击"控件"工具箱中的"陀螺仪"工具 ，在舞台上单击，即可添加一个陀螺仪（由陀螺仪图标和一串数字组成），如图5-90所示，此时系统默认命名为"陀螺仪1"。

陀螺仪的类型包括"绕X轴旋转角""绕Y轴旋转角""绕Z轴旋转角"，如图5-91所示。三种类型的陀螺仪取值范围见表5-1。

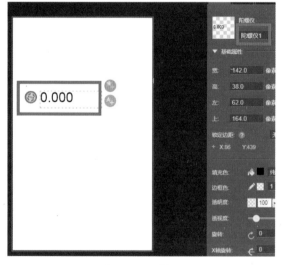

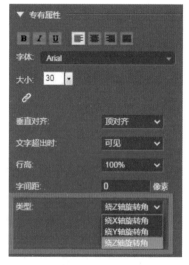

图 5-90　陀螺仪　　　　　　　　　　　　图 5-91　陀螺仪类型

（2）陀螺仪原理。陀螺仪在三维空间中可理解为存在X、Y、Z三个坐标轴，如图5-92所示。"绕X轴旋转"即为图中沿红色圆环方向运动，"绕Y轴旋转"即为图中沿蓝色圆环方向运动，"绕 Z 轴旋转"即为图中沿绿色圆环方向运动。

　　手机等移动终端装有陀螺仪，对应手机的旋转方向与原理，见表 5-1。在页面中放置 3 个陀螺仪，分别设置类型为"绕 X 轴旋转角""绕 Y 轴旋转角""绕 Z 轴旋转角"，如图 5-93 所示。PC 端不支持陀螺仪，只能用手机浏览，查看手机运动及数据的变化。

图 5-92　陀螺仪模型

图 5-93　三种陀螺仪测试

表 5-1　陀螺仪类型与原理

陀螺仪类型	运动平面	角取值	手机运动
绕 X 轴旋转角	YOZ	-180°～180°	
绕 Y 轴旋转角	XOZ	-180°～180°	
绕 Z 轴旋转角	XOY	0°～360°	

【任务实施】

　　1. 创建舞台背景和运动小球

　　（1）新建页面，在舞台中放置背景图片，调整大小覆盖整个舞台，如图 5-94 所示。

　　（2）绘制圆形，设置宽高，命名为"小球"，填充放射渐变色，绘制出带有高光效果的小球，如图 5-95 所示，放置到舞台底部。

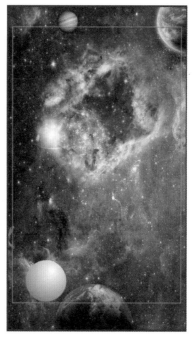

图 5-94　舞台背景

图 5-95　绘制小球

2. 创建陀螺仪

（1）在舞台外创建 3 个陀螺仪，分别命名为"陀螺仪 X""陀螺仪 Y""陀螺仪 Z"，如图 5-96 所示。

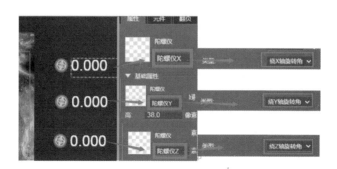

图 5-96　创建三个陀螺仪

（2）分别将三个陀螺仪类型修改为"绕 X 轴旋转角""绕 Y 轴旋转角""绕 Z 轴旋转角"。

3. 设置陀螺仪交互行为

（1）陀螺仪 X。其类型为绕 X 轴旋转，手机的运动为"前后翻转"，因此小球的运动为上下运动。选择"陀螺仪 X"，添加行为，当陀螺仪数值变化时，小球的坐标属性随之变化，即触发行为为"属性改变"，行为为"改变元素属性"。行为及参数如图 5-97 和图 5-98 所示。

图 5-97　陀螺仪行为

（2）陀螺仪 Y。其类型为绕 Y 轴旋转，手机的运动为"前后翻转"，因此小球的运动为左右运动。选择"陀螺仪 Y"，添加行为，与上一步类似，行为及参数如图 5-97 和图 5-99 所示。

图 5-98　陀螺仪 X 行为参数

图 5-99　陀螺仪 Y 行为参数

（3）陀螺仪 Z。其类型为绕 Z 轴旋转，手机的运动为"水平旋转"，因此小球的运动体现在自身的旋转角度，可观察高光位置。选择"陀螺仪 Z"，添加行为，与上一步类似，行为及参数如图 5-97 和图 5-100 所示。此时旋转手机，观察小球高光位置，总是保持固定方向，如果"赋值方式"改为"在现有值基础上增加"，小球则高速旋转。

图 5-100　陀螺仪 Z 行为参数

（4）上下运动范围限制。此时浏览作品，小球已经可以运动，但是小球很容易"跑丢"。因此我们需要添加条件限制小球的运动范围，主要体现在陀螺仪 X 和陀螺仪 Y 所控制的上下和左右位置。

继续为"陀螺仪 X"添加行为，触发行为为"属性改变"，行为为"改变元素属性"，如图 5-101 所示，参数设置如图 5-102 所示，当小球的上坐标小于 0，即跑出屏幕上沿，限制小球的上坐标为 0；同理添加行为，限制小球的下坐标限制值，如图 5-103 所示。

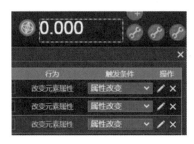

图 5-101　陀螺仪 X 和陀螺仪 Y 行为

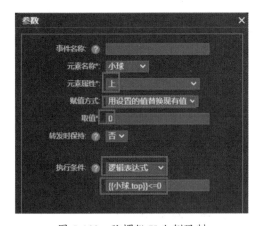

图 5-102　陀螺仪 X 上侧限制

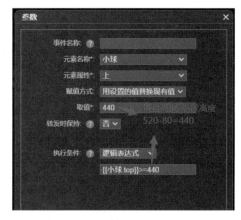

图 5-103　陀螺仪 X 下侧标限制

（5）左右运动范围限制。与上一步类似，为"陀螺仪 Y"添加行为，触发行为为"属性改变"，行为为"改变元素属性"，参数设置如图 5-104 所示，当小球的上坐标小于 0，即跑出屏幕左沿，限制小球的左坐标为 0；同理添加行为，限制小球的右坐标限制值，如图 5-105 所示。

图 5-104　陀螺仪 Y 左侧限制

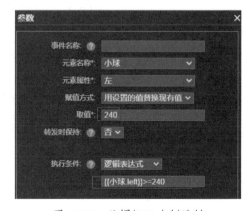

图 5-105　陀螺仪 Y 右侧限制

本任务中的坐标限制取值，可根据个人实际情况进行调整。

4. 预览、保存并发布作品

按照上述步骤完成作品制作后，可单击工具栏中的预览按钮 ，预览无误后，保存并发布作品。

任务 4 控件工具的应用——"最喜爱的城市"投票

"最喜爱的城市"投票

【任务描述】

本任务利用 Mugeda 的常见控件工具，制作实用性较高的动画效果，利用投票工具制作一个投票页面，发起投票；利用定时器工具，控制关联其他对象的相关属性，制作常见的进度条效果。

在动画制作过程中，可充分发挥创造力和想象力，对预期效果进行充分思考分析，综合利用多种工具进行创新创作，精益求精。动画预览效果如图 5-106 所示。

图 5-106　任务预览二维码

【任务要求】

了解投票工具的设置，掌握投票工具的应用；了解计数器工具的应用；了解定时器的属性和行为，掌握定时器工具常见的应用。

【知识链接】

1. 投票工具

（1）创建投票。单击"控件"工具箱中的"投票"工具 ，在舞台上单击，弹出"投票数据设置"对话框，如图 5-107 所示，并设置各属性，单击"确定"按钮，舞台上添加一个投票，如图 5-108 所示，自动默认命名为"投票 1"。

图 5-107　投票数据设置

图 5-108　投票

- 投票对象：一组用逗号隔开的字符串，如"北京,上海,广州"。
- 开始时间：开始投票时间。
- 结束时间：结束投票时间。
- 最大投票数：每个用户允许的最大投票数。
- 投票间隔：允许再次投票的时间间隔，单位为"小时"。如果设置为 0，表示"不允许重复投票"。
- 管理实时数据：可以查看当前投票数据，并对其进行编辑。

例如：每个用户只能投一票，不允许重复投票，设置"最大投票数"为 1，"投票间隔"为 0。

（2）投票行为。在舞台上绘制一个按钮，为按钮添加行为——当"点击"时"投票"，如图 5-109 所示，编辑行为，设置属性，如图 5-110 所示。

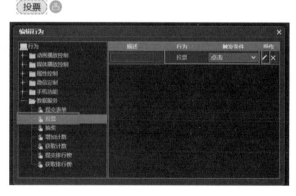

图 5-109　投票行为

图 5-110　编辑行为参数

- 投票对象：与创建投票时的"投票对象"一致。
- 显示结果对象：单独设置一个文本，为其记录投票数。
- 显示是否投票：单独设置一个文本，为其记录是否已投票，已投票自动显示为 "1"，未投票显示为"0"。

2. 计数器

（1）创建计数器。单击"控件"工具箱中的"投票"工具 123，在舞台上单击，弹出 "计数器"对话框，如图 5-111 所示。设置计数器的"默认值"和"计数值"，单击"确定" 按钮后舞台中添加一个计数器，默认命名为"计数器 1"。

图 5-111　计数器

- 默认值：指计数器初始计数值。
- 计数值：指在现有计数器数值基础上，每次增加的数值，如 1、-1。

（2）计数器行为。与计数器相关的行为，位于"数据服务"中的"增加计数"和"获 取计数"。在舞台上绘制一个按钮和一个文本，为文本命名为"计数值"，为按钮添加行 为——设置当"出现"时"获取计数"，当"点击"时"增加计数"，编辑行为，设置显 示计数元素为文本框，如图 5-112 所示。

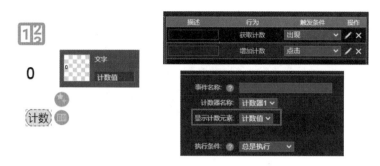

图 5-112　添加计数器行为

预览页面，文本框自动显示计数初始值，当单击"计数"按钮时，文本数值 +1。

3．定时器工具

（1）创建定时器。单击工具箱中的"定时器"工具 ⏱，在舞台上单击，即可添加一个定时器，由秒表图标和一个数字组成，如图 5-113 所示，定时器的专有属性如图 5-114 所示。

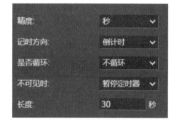

图 5-113　定时器　　　　　　　　　　图 5-114　定时器专有属性

定时器的属性可以设置定时器的计时单位为秒或毫秒，倒计时、顺计时或随机计时方向，是否循环计时；可设置当计时器不可见时暂停计时或继续计时，可以设置定时器定时时长，默认为 30 秒。

（2）定时器行为。定时器相关的行为体现在触发条件上，主要包括"定时器时间到"和"定时器开始计时"。下面通过一个小案例来体会一下定时器行为的应用。

1）在舞台中创建一个定时器，默认第 1 帧，设置计时长度为 3 秒。

2）在时间轴的第 2 ～ 4 帧分别按 F6 键创建关键帧，分别放置三张素材图片，并保持三张图片相同坐标和大小，各帧内容如图 5-115 所示。

（a）第 1 帧　　　　（b）第 2 帧　　　（c）第 3 帧　　　　（d）第 4 帧

图 5-115　第 1 ～ 4 帧各帧对应内容

3）选择第 1 帧的定时器，添加行为——当计时器"出现"时，"暂停"动画，使动画停留在第一帧；当定时器时间到，跳转到第 2 帧并播放，如图 5-116 所示。

4）选择第 4 帧的图片，添加行为——"出现"时跳转回第 2 帧，循环播放 2 ～ 4 帧，如图 5-117 所示。

图 5-116　定时器行为

图 5-117　第 4 帧图片行为

5）预览动画，倒数 3 秒后出现"愤怒的小螃蟹"。

【任务实施】

1. 制作首页

将图片素材从素材库中添加到页面中，添加文本，如图 5-118 所示。为背景图片添加行为——当"出现"时"禁止翻页"，当"点击"时跳转"下一页"，如图 5-119 所示。

图 5-118　首页页面

图 5-119　背景图片行为

2. 制作加载进度条

通过使用定时器的属性的设置，结合定时器行为，制作进度条。

（1）绘制"矩形"图形，命名为"进度条 1"，设置颜色（高为 10 像素，宽 200 像素），如图 5-120 所示。

（2）创建定时器，命名为"倒计时"，设置定时器计时时长为10秒，精度为"毫秒"，记时方向为"倒计时"，如图5-121所示。

图 5-120　绘制矩形

图 5-121　定时器设置

（3）设置"进度条1"的"宽"的属性关联，单击"宽"属性后面的"关联"按钮 🔗，设置相关参数，如图5-122所示。

本任务中定时器时间设定为10秒，进度条宽为200像素，因此数字之间的关联为20倍，因此关联被控量为"关联属性*20"。预览页面，可观察进度条递减效果。

而要想让进度条变为递增效果，只需将定时器的"记时方向"改为"顺计时"即可，如图5-123所示，预览页面，进度条呈现递增效果。

图 5-122　矩形"宽"属性关联

图 5-123　递增进度条定时器设置

将素材图片和文本放置到页面中，将定时器放置到舞台之外，页面效果如图5-124所示。

（4）设置定时器行为。选择定时器，添加行为——当"定时器时间到"，跳转到"下一页"，如图5-125所示。

图 5-124　加载进度条页面

图 5-125　定时器行为

3. 制作投票页

（1）制作背景图层。新建图层并命名为"背景"，放置背景图片，绘制黑色半透明矩形覆盖背景图。

（2）制作投票图层。新建图层并命名为"投票"，添加文本，分别命名，放置三个投票按钮，投票页面如图 5-126 所示。

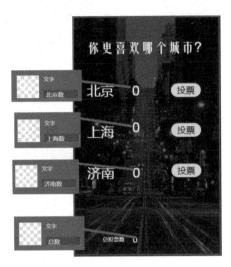

图 5-126　投票页面

（3）设置投票功能。

1）点击"投票"工具，在舞台中单击，设置投票数据，如图 5-127 所示。

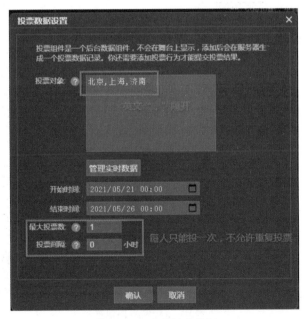

图 5-127　设置投票数据

2）为页面中的城市文本命名，与"投票对象"一致。在舞台外添加三个文本，分别设置为0，并重命名，如图5-128所示。

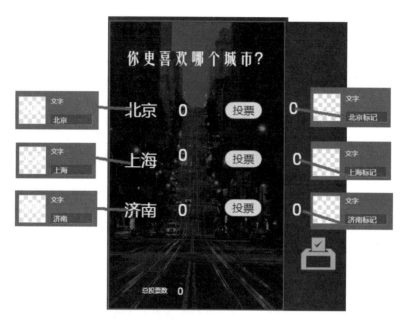

图 5-128　文本命名

3）选择北京后面的投票按钮，为其添加行为——当"点击"时"投票"，设置行为参数，如图5-129所示。

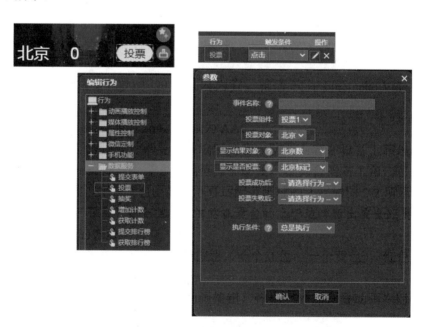

图 5-129　北京投票按钮行为

为"上海"和"济南"的投票按钮也分别设置行为，如图5-130和图5-131所示。

图 5-130　上海投票按钮行为

图 5-131　济南投票按钮行为

4）双击北京的投票按钮，进组并选择文本，命名为"是否投北京"，同样，将上海和济南的投票按钮中的文本分别命名为"是否投上海"和"是否投济南"，如图 5-132 所示。

5）当某个城市已经完成投票，按钮上的文字更新为"已投票"。选择"北京标记"文本，添加行为——当"属性改变"时，"改变元素属性"，如图 5-133 所示。同样，分别将上海和济南的标记文本添加行为。

图 5-132　进组分别命名投票

图 5-133　"北京标记"文本行为

预览页面，对于已经投票的城市显示为"已投票"，如图 5-134 所示。此处为了调试投票效果，可以暂时先将投票数据"最大投票数"设置为 3。

（4）添加计数器。

1）单击"计数器"工具，在舞台中添加一个计数器，设置"默认值"为 0，"计数值"为 1。

2）为"总数"文本添加行为，当"出现"时——"获取计数"，显示计数元素为"总数"，如图 5-135 所示。

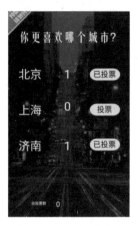

图 5-134　已投票效果

图 5-135　获取计数

3）为三个投票按钮添加行为——当"点击"时，"增加计数"。但是此处需要进行逻辑判断，因为每个用户只有一次投票机会，所以如果已经投票，无法再次投票，计数值不能增加。逻辑表达式为"{{ 北京标记 }}==0 && {{ 上海标记 }}==0 && {{ 济南标记 }}==0"，分别判断三个城市标记，只有三个同时为 0，即从未投过票（此时满足条件），才可以增加计数，如图 5-136 所示。

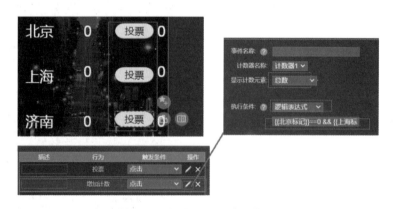

图 5-136　投票行为"增加计数"

4. 预览、保存并发布作品

按照上述步骤完成作品制作后，可单击工具栏中的预览按钮，预览无误后，保存并发布作品。

任务 5 随机数的应用——"翻牌"小游戏

"翻牌"小游戏

【任务描述】

作为当代大学生，应时刻以习近平中国特色社会主义思想为指导，时刻牢记并践行社会主义核心价值观，为实现中国梦而努力奋斗。

本任务以社会主义核心价值观为主题，使用 Mugeda 的随机数工具，通过随机数的不确定性，利用行为控制其他对象的属性，制作随机小游戏。动画预览效果如图 5-137 所示。

图 5-137　作品预览二维码

【任务要求】

了解随机数的属性设置，掌握随机数工具常见的应用。

【知识链接】

1. 排行榜工具的应用

（1）创建排行榜。单击"控件"工具箱中的"排行榜"工具，在舞台上单击，弹出"排行榜"设置对话框，如图 5-138 所示，在舞台中创建一个排行榜，如图 5-139 所示。

● 上榜题目：上榜名次数量，默认为 10，即前 10 名上榜。

● 上榜分数：大于或小于分数即上榜。

● 分数规则：升序或降序排序。

图 5-138 创建排行榜

图 5-139 排行榜

（2）排行榜行为。与排行榜相关的行为主要位于"数据服务"中，包括"提交排行榜"和"获取排行榜"。如图 5-140 所示。

通常参与排行榜时会设置名称、分数、头像等数据，在生成排行榜时，会获取这几类数据进行排序。"提交排行榜"行为参数设置如图 5-141 所示，"分数"表示提交的分数，"名称"表示提交的名称，"显示是否上榜"，上榜显示为 1，未上榜显示为 0。

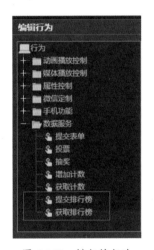

图 5-140 排行榜行为

图 5-141 提交排行榜参数

"获取排行榜"行为参数设置如图 5-142，"名次元素名称"表示将获取到的排行榜名次数据填充到对应的文本内；"名字元素名称"表示将获取到的排行榜名字数据填充到对应的文本内；"分数元素名称"表示将获取到的排行榜分数数据填充到对应的文本内；"头像元素名称"表示将获取到的排行榜头像数据填充到对应的文本内。

2. 抽奖工具的应用

（1）创建抽奖工具。单击"控件"工具箱中的"排行榜"工具 ◈，在舞台上单击，弹出"抽奖设置"对话框，如图 5-143 所示。其中"奖项设置"的格式为（一行一个奖项）"奖品名次：奖品名称：奖品数量"，如"1：手机：1"。"领奖码"为选填项，格式与"奖项设置"类似，设置完成后在舞台中创建一个抽奖，如图 5-144 所示。

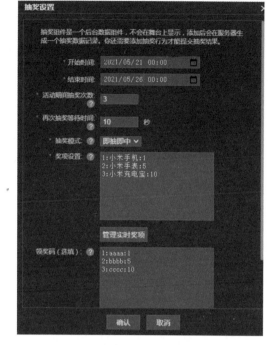

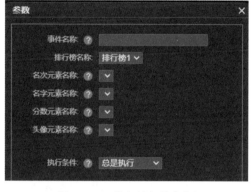

图 5-142 获取排行榜参数   图 5-143 抽奖设置

图 5-144 抽奖

（2）抽奖行为。与排行榜相关的行为主要位于"数据服务"中的"抽奖"，如图5-145 所示，行为参数设置如图 5-146 所示。

图 5-145 抽奖行为   图 5-146 抽奖行为参数

● 显示抽奖结果类别：指的是是否中奖，-1 表示未中奖，1 表示中奖，将中奖结果显示到指定文本域中。

● 显示抽奖结果文本：指的是所中奖品名称，将中奖结果显示到指定文本域中。

● 显示领奖码：将领奖码显示到指定文本中。

3. 随机数工具的创建与关联

我们通过一个简单的案例——"随机大小的小球"，来了解随机数的属性和应用。

（1）创建随机数，单击工具箱中的"随机数"工具 ，在舞台上单击，即可添加一个随机数，由"骰子"图标和一个数字组成，默认名称为"随机数 1"，随机数及其专有属性如图 5-147 所示。

（2）绘制圆形，填充渐变色，命名为"小球"，如图 5-148 所示。

图 5-147 随机数的专有属性 　　　　　　　　图 5-148 随机数的专有属性

（3）设置随机数属性，最小值为 1，最大值为 100，更新间隔为 5 秒。

（4）设置"小球"的属性关联，将小球的"宽""高"设置关联，如图 5-149 所示，预览页面，每 5 秒小球更新为随机大小，如图 5-150 所示。

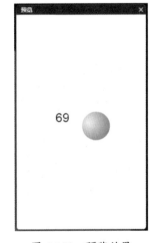

图 5-149 小球的属性关联 　　　　　　　　图 5-150 预览效果

2. 随机数的行为

随机数的行为触发条件通常为"属性改变"，即当随机数更新时触发，通常利用"改变元素属性"行为来控制其他元素。

【任务实施】

1. 制作首页

（1）将任务素材导入素材库，新建"图层"并命名为"背景"，将背景矩形和图框添加到舞台中，调整至舞台大小。新建四个文字，分别输入2、0、2、1，放置到适当位置，右击并选择"组合"。页面效果如图5-151所示。

（2）新建图层并命名为"文字"，新建两个"文本"，分别输入文字，调整字体和字号，放置到适当位置。

（3）新建图层并命名为"按钮"，使用"圆角矩形"工具和"文本"工具，制作按钮，右击并选择"组合"，命名为"按钮"。首页效果如图5-152所示。

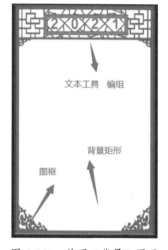

图5-151 首页"背景"图层

图5-152 首页效果图

（4）选择"按钮"，添加行为——"点击"按钮跳转至"下一页"；当按钮"出现"时，"禁止翻页"，如图5-153所示。

图5-153 按钮的行为

（5）创建预置动画，将首页中的各对象创建适当的预置动画。选择选择时间轴的第60帧，三个图层分别按F5键，创建动画时长。首页时间轴如图5-154所示。

图5-154 首页时间轴

2．制作第二页

（1）复制第一页，创建第二页，将页面中的"文字"和"按钮"图层删除，保留"背景"图层，删除预置动画。选择"背景"层第 1 帧，将素材库中的"中""国""梦"图片素材放置到背景中；复制按钮，修改文字，放置到适当位置，如图 5-155 所示。

（2）选择"背景"层第 2 帧，按 F6 键创建关键帧，删除"中国梦"和按钮，如图 5-156 所示。

图 5-155　背景层第一帧

图 5-156　背景层第 2 帧

（3）新建图层并命名为"结果"，在当前图层第 10 帧按 F5 键，延长动画时间，在第 2 帧，按 F6 键创建关键帧，调整图片素材大小和位置，创建文字，输入内容，调整字体字号，放置到适当位置；复制按钮，修改文字，如图 5-158 所示。

（4）为"再来一次"按钮添加行为——"点击"按钮"跳转到帧并停止"，帧号为 1，如图 5-157 所示。

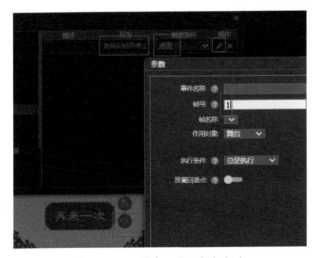

图 5-157　"再来一次"按钮行为

（5）继续在"结果"图层的第 3 ～ 7 帧按 F6 键创建关键帧，参照表 5-2，分别修改图片和文字内容，结果层的 4 ～ 7 帧页面如图 5-158 ～ 5-163 所示。

表 5-2　"结果"层各帧对照表

帧号	图片	文字
2		个人 维护祖国统一　自觉报效祖国 忠于职守　克己奉公　服务人民　服务社会
3		社会 意志自由　存在和发展自由 尊重和保障人权　法律面前一律平等
4		国家 国富民强　国家繁荣昌盛　人民幸福安康 人民民主　人民当家做主　社会主义生命
5		个人 诚实劳动　信守承诺　诚恳待人 互相尊重　互相关心　互相帮助　和睦友好
6		社会 社会公平和正义 依法治国
7		国家 社会进步　实现中华民族伟大复兴 中国传统文化理念

图 5-158　结果层第 2 帧

图 5-159　结果层第 3 帧

图 5-160　结果层第 4 帧

（6）新建图层"停止"，在第 1 帧舞台外创建一个图形，为图形添加行为——当"出现"时"暂停"，如图 5-164 所示。

图 5-161　结果层第 5 帧　　　　图 5-162　结果层第 6 帧　　　　图 5-163　结果层第 7 帧

（7）新建图层"随机数"，在第 1 帧创建一个随机数，放置舞台外，命名为"随机数"，设置随机数属性如图 5-165 所示。

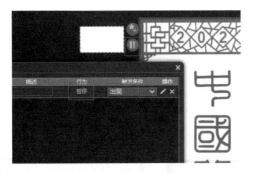

图 5-164　"停止"层图形行为　　　　　　　图 5-165　随机数属性设置

在当前图层选择第 2 帧至最后 1 帧，右击并选择"删除帧"，各图层时间轴如图 5-166 所示。

图 5-166　各图层时间轴

3. 设置随机行为

单击"背景"图层的"翻牌"按钮，为其添加行为——当"点击"时随机跳转到 2～6 帧，行为设置如图 5-167 所示。

4. 预览、保存并发布作品

按照上述步骤完成作品制作后，"社会主义核心价值观"主题的随机翻牌小游戏制作完成。单击工具栏中的预览按钮  ，预览作品，开始测试，翻至下一页，单击"翻牌"则随机翻开其中一张。预览无误，保存并发布作品。

图 5-167　"翻牌"按钮行为

项目拓展

　　1．不使用系统默认的 VR 导航，请自行设计制作任务一中 VR 作品的导航栏，包括缩略图和场景切换交互功能。

　　2．综合利用定时器、随机数、陀螺仪及逻辑判断等制作小游戏，如打地鼠、接红包等。

思考与练习

　　1．简述陀螺仪工具的原理。

　　2．简述定时器的计时方向。

项目 **6**

动画制作综合实训

项目导读

　　本项目选取三个典型的综合案例，综合应用多种工具，案例适用范围广，交互性强、综合性高。通过本项目的学习，使学生提升动画制作的综合技能。

教学目标

　　★ 了解翻页类交互动画的主要形式和常用交互技术。

　　★ 了解长图拖动类动画的主要制作方法和交互技术。

　　★ 了解游戏类交互动画的主要制作原则和交互设计。

"加减乘除
看改革"

 任务1 翻页类展示动画的制作——"加减乘除看改革"

【任务描述】

　　本任务选自"闪电新闻H5"真实案例，任务主题为山东省财税金融改革攻坚成效，利用翻页类展示动画来呈现几个方面的成果。翻页类展示动画可以应用于大部分成果展示类主题。

　　翻页类展示动画页面的制作，通常采用预置动画来呈现页面的动画效果。本任务主要运用预置动画和元件动画多种制作技术，完成多个页面的制作，最后通过翻页进行逐页展示。作品界面及二维码如图6-1所示。

【任务要求】

　　掌握绘画板工具的应用；掌握连线工具的应用；分析任务动画的种类和制作方法，制作完成本任务的翻页动画。

图 6-1 作品预览效果及二维码

【知识链接】

1. 绘画板工具应用

（1）创建绘画板。单击"控件"工具箱中的"绘画板"工具 ，在舞台中拖动绘制一个绘画板，预览页面，可以在此区域中进行绘画，如图 6-2 所示。在"属性"面板中的"专有属性"区域，可以为绘画板进行属性设置，主要包括绘画板的背景图片设置、背景图片尺寸和位置设置、画笔笔触设置、画笔颜色和粗细设置、绘画板工具条设置，如图 6-3 所示。

图 6-2 绘画板

图 6-3 绘画板专有属性

绘画板默认自带编辑器工具条，设置"显示编辑器"为"显示全部"，在预览页面时，可以看到四个编辑按钮，如图 6-4 所示，分别表示设置画笔粗细、颜色、清空绘画板和保存绘画板。

图 6-4　绘画板全部编辑器

图 6-5　绘画板行为

（2）绘画板行为应用。如果将"显示编辑器"设置为"不显示"，我们可以自行创建对象进行绘画板的控制和编辑，相关的属性控制主要有"绘画板控制""调整绘画板属性"，如图 6-5 所示，行为参数如图 6-6 和图 6-7 所示，这两个行为功能与图 6-4 绘画板自带编辑功能相同。

图 6-6　"绘画板控制"参数设置

图 6-7　"调整绘画板属性"参数设置

2．连线工具应用

（1）创建连线。在"控件"工具箱中单击"连线"工具，在舞台中拖动鼠标指针绘制一条连线，默认边框透明度为 0，调整透明度和边框颜色。在"属性"面板中的"专有属性"区域设置连线属性，如图 6-8 所示，预览效果如图 6-9 所示。

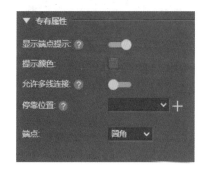

图 6-8　连线专有属性

图 6-9　预览连线

　　为右侧四个垃圾分类元素分别命名，选择连线，设置"停靠位置"，如图 6-10 所示，单击"+"，将所有可停靠元素添加至此，预览页面，拖动连线，可以实现连线效果，如图 6-11 所示。

图 6-10　设置"停靠位置"

　　（2）连线行为应用。与连线相关的行为触发动作有"连线成功"和"连线失败"，如图 6-12 所示。与连线相关的行为有"恢复连线初始状态"，如图 6-13 所示。

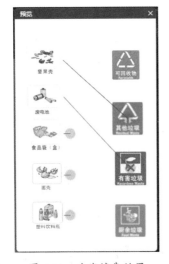  

图 6-11　连线停靠效果　　　　图 6-12　连线触发动作　　　　图 6-13　连线行为

　　以"坚果壳"连线动画为例，正确连线应该停靠至"其他垃圾"。新建文本并命名为"得分"，设置文本为 0。选择"坚果"连线，添加行为，当"连线成功"时，"改变元素属性"并设置参数，得分加 1，如图 6-14 和 6-15 所示。

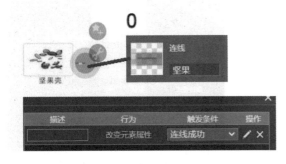 

图 6-14　连线行为设置　　　　　　图 6-15　连线行为参数设置

继续为连线添加行为，当"连线断开"时，"改变元素属性"并设置参数，得分减1，如图 6-16 和图 6-17 所示。

图 6-16　连线行为　　　　　　　　图 6-17　连线断开参数设置

同理，为其他连线设置正确答案的行为和参数，即可完成垃圾分类连线小游戏。

3. 本任务作品分析

（1）动画分析。"加减乘除看改革"H5 作品共计 6 页，动画主要以预置动画呈现，需规划各个图片素材的动画时长及延迟时间。

另外，模拟"弹幕"效果的动画以元件动画形式呈现，制作出几个不同速度的弹幕元件。

（2）交互分析。本任务主要采用默认的翻页样式。

【任务实施】

1. 加载页的设置

（1）打开"加载"属性面板，设置作品的加载页相关参数，如图 6-18 所示，

（2）设置作品的文档信息，如图 6-19 所示，加载页预览效果如图 6-20 所示。

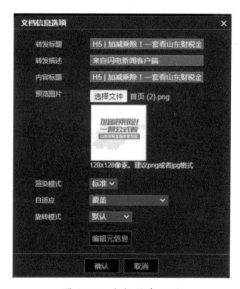

图 6-18　加载页设置　　　　　　　　图 6-19　文档信息设置

图 6-20　加载页预览

2. 首页制作

将任务素材导入素材库中，将渐变背景、插画图片、山东地图和文字等素材添加到页面中，调整位置和大小，为每个素材设置适当的预置动画，首页效果如图 6-21 所示。

图 6-21　首页效果

3. "加"页面制作

（1）背景层和图片层制作。

1）新增页面作为第二页，将图层 0 更名为"背景"，将背景图片添加到舞台中。

2）新建图层并命名为"图片"，将页面中的图片素材添加到舞台中，并设置适当的预置动画，如图 6-22 所示。

（2）"弹幕"文字效果制作。

1）新建图层并命名为"弹幕"，单击"元件"面板，再单击底部的"新建元件"，命名为"快速"，如图 6-23 所示。

图 6-22　背景＋图片

图 6-23　新建元件

2）双击元件，进入元件编辑界面，将弹幕文字图片"整合设立智能化技改专项"添加到页面中。

3）在时间轴选中第 60 帧，按 F5 键，右击"插入关键帧动画"，在第 1 帧将文字拖至右侧舞台外，选择第 60 帧，将文字水平移动至左侧舞台外，如图 6-24 所示。

图 6-24　元件时间轴

4）复制多个元件，将每个元件的时间轴长度调整为不同长度，例如：中速时间轴长度为 100 帧，慢速的时间轴为 120 帧，并将每个元件的文字替换为不同的内容。

5）回到舞台中，将不同速度的文字元件拖放到舞台中，放置到右侧舞台之外，如图 6-25 所示。预览作品，第二页制作完成。

4. 其他页面的制作

重复上述做法，继续完成其他页面的制作。各页面预览效果如图 6-26 所示。

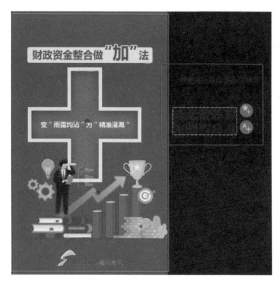

图 6-25　放置元件

图 6-26　第 2 ~ 6 页效果图

任务2 长图拖动类交互动画的制作——"有他，郡县制天下安"

【任务描述】

本案例源自"闪电新闻"H5作品，该作品综合利用多种工具，完成长图拖动类交互动画,动画内容通过一系列的"寻人启事"，最终体现出"基层工作人员"的无私奉献精神，具有很强的教育意义。本任务截取其中部分页面进行讲解。动画预览效果及二维码如图6-27所示。

"有他，郡县制
天下安"

图6-27　作品预览效果及二维码

【任务要求】

掌握拖动容器工具的应用，掌握长图拖动类动画的制作技术，掌握关联动画的制作原理。

【知识链接】

1. 拖动容器的应用

（1）拖动容器工具。单击"控件"工具箱中的"拖动容器"工具 ，在舞台中拖动鼠标指针绘制一个拖动容器，如图6-28所示。

拖动容器的专有属性如图6-29所示。

● 放置提示：当有物体放下到容器中，是否显示提示。
● 允许多次拖放：是否允许多个物体放置到容器中。
● 自动对准：当有物体放到容器时，是否自动对齐到容器中央。
● 自动复位：当物体离开容器时，是否自动将物体恢复到原位置。
● 允许物体：添加允许放置到容器的物体。

图 6-28 创建拖动容器

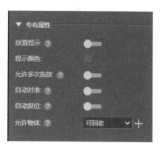

图 6-29 拖动容器专有属性

（2）拖动容器的行为应用。与拖动相关的行为触发动作有"拖动/转动结束""拖动物体放下"和"拖动物体离开"，如图 6-30 所示。与拖动相关的行为如图 6-31 所示。

图 6-30 拖动触发条件

图 6-31 拖动相关行为

我们以垃圾分类游戏为例，学习拖动容器的应用，当正确的垃圾物品拖动到边框中，得分 +1。如图 6-32 所示，在页面中放置图片元素并命名。

1）新建图层并命名为"容器"，单击"拖动容器"工具，在舞台中绘制一个拖动容器，并设置属性，如图 6-33 所示，将正确答案元素添加到"允许物体"中。

图 6-32 初始页面

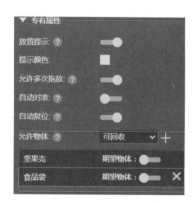

图 6-33 拖动容器属性设置

2）对所有垃圾素材图片设置属性"拖动／旋转"为"自由拖动"，此时拖动不正确的物体是无法放置到框内的，而拖动正确物品时，预览效果如图6-34所示。

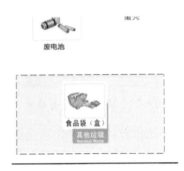

图6-34　拖动效果预览

图6-35　拖动容器行为

3）为容器添加行为，当"拖动物体放下"时，"改变元素属性"，修改得分值+1，如图6-35所示，参数设置如图6-36和图6-37所示，完成垃圾分类拖动小游戏。

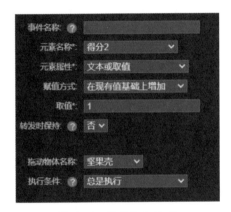

图6-36　拖动物体放下

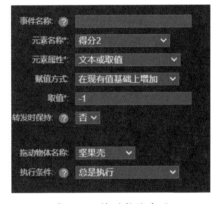

图6-37　拖动物体离开

2．本任务作品分析

（1）动画设计要点。长图拖动类动画的交互，主要表现在拖动动画过程中不断涌现的动画，实现的核心技术为关联动画。本任务动画包含多个页面，对于长图拖动类动画要注意，在页面切换时要尽量实现无感切换，一是要注意整个动画的翻页设置，例如本任务中选用"出现"，不需要复杂的翻页效果；二是要将素材原位放置，切换到下一页时，复制上一页最后一帧的素材，保持相同的坐标，以实现无感切换，本任务从第二页切换到第三页时、从第三页到第四页时，均采用无感切换。

（2）动画交互分析。本任务主要的交互方式为拖动，利用拖动关联控制动画的播放，因此主要核心技术为关联动画。首先要设置动画的主导控制元素，而被控制的一定是元件动画，因此，本任务大部分动画制作的重点放在长元件的制作，最后对拖动控制元素和元件进行动画关联设置。

【任务实施】

1. 首页制作

（1）将首页背景素材添加到舞台中，为各素材分层放置，并添加适当的预置动画。

（2）新建元件并命名为"树叶"，编辑元件动画，为树叶制作向下飘动的关键帧动画，时间轴如图 6-38 所示。回到舞台，新建图层并命名为"树叶"层，从元件面板中，将元件"树叶"拖至舞台中。舞台时间轴如图 6-39 所示，首页预览效果如图 6-40 所示。

图 6-38　树叶元件时间轴

图 6-39　首页时间轴

图 6-40　首页预览效果

（3）为按钮添加行为。

1）为按钮添加行为——当"出现"时"禁止翻页"，"单击"时跳转"下一页"。

2）将"素材库"中的音频"短音乐"添加到舞台中，删除音频图标，在"元件"面板中生成音频元件。为按钮添加行为——当"点击"时播放声音，选择音频元件，按钮行为如图 6-41 所示。

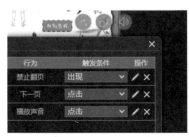

图 6-41　按钮行为

2. 第二页制作

（1）将"图层 0"重命名为"预置动画"，将素材"山""太阳"和"人物"添加到舞台中，创建文本，输入文字。分别为"太阳""人物"和文本添加预置动画，设置适当的时长和延迟时间，在第 50 帧按 F5 键延长动画。

（2）选择页面中的"山"素材，添加行为——"出现"时"播放声音"，如图 6-42 所示。

（3）创建"提示"动画。

图 6-42　播放声音行为

1）新建图层，命名为"半透明背景"，在背景层第 1 帧，绘制半透明黑色矩形，在第 20 帧按 F5 键延长动画时长。

2）新建"拖动提示"图层，将"提示"素材放置到第 1 帧，在第 20 帧创建关键帧动画，在第 10 帧按 F6 键创建关键帧；在第 5 帧，按 F6 键创建关键帧，同时将"手势"向上平移；在第 15 帧按 F6 键创建关键帧，同时将"手势"向下平移，完成动画。

页面预览效果如图 6-43 所示，第二页时间轴如图 6-44 所示。

图 6-43　第二页预览效果

图 6-44　第二页时间轴

3）在最后一帧添加关键帧，删除预置动画，选择下方的"人物"图片，添加行为——"出现"时跳转"下一页"，如图 6-45 所示。单击右侧"翻页"面板，设置翻页类型为"出现"，如图 6-46 所示。

图 6-45　"人物"行为

图 6-46　翻页设置

3. 制作第三页拖动关联动画

（1）创建第三页背景。新建页面，新建图层并命名为"长图背景"，绘制矩形，设置矩形为白色，宽度为 320 像素，高度为 2200 像素，与舞台上端对齐。

（2）创建第三页长元件。

1）创建元件，命名为"第三页长元件"，双击编辑元件，将"图层 0"命名为"原图"，将舞台中第二页的"预置动画"图层中最后的内容复制，原位粘贴到元件的"原图"层，如图 6-47 所示。

2）新建图层"人物"，创建关键帧动画，将人物呈现略微放大的动画效果。

3）在元件中，新建 5 个图层，分别命名为"笔迹""云 1""云 2""心里"，将图片素材分别放置到该图层中，为每个图层做关键帧动画，页面效果如图 6-48 所示，时间轴如图 6-49 所示。

4）新建图层"楼房"，将素材图片放置到适当位置，只显示上半部分，新建图层"下半遮挡"，绘制白色矩形覆盖下半部分图片，页面和时间轴如图 6-50 所示。

图 6-47 原位粘贴

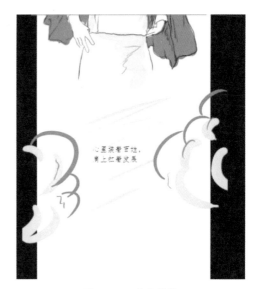

图 6-48 页面效果

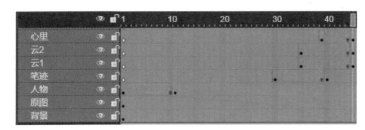

图 6-49 长元件时间轴

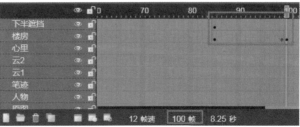

图 6-50 "楼房"遮挡处理

5）继续创建后续页面，下方是一条逐渐延长的线，可以利用遮罩动画来制作。新建图层"底图"，将楼房图片放置于上一步相同坐标处，新建图层"遮挡"，绘制白色矩形，覆盖上半部分楼房区域；再新建图层"遮罩动画"，绘制矩形，动画开始时页面如图6-51所示。

6）选中图层"遮罩动画"，创建关键帧动画，选择动画结束关键帧，将遮罩矩形拉长高度，如图6-52所示。

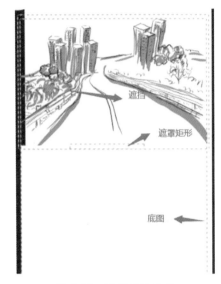

图6-51　遮罩动画开始

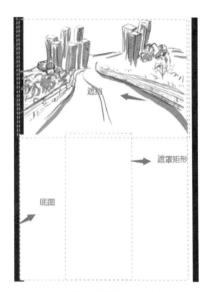

图6-52　遮罩动画结束

7）将"遮罩动画"层"转为遮罩层"，选择图层"底图"，单击"添加到遮罩"，时间轴如图6-53所示，完成线条延伸出现的动画效果。

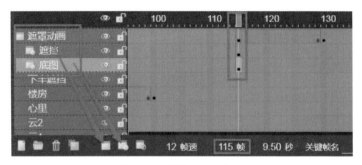

图6-53　遮罩动画时间轴

8）继续创建图层，分别命名为"文字""箭靶""射箭""军令状1""军令状2"，分别为每图层放置文本和图片素材，分别创建关键帧动画，如图6-54所示。

9）添加行为。选择"射箭"图层的动画开始帧（145帧），为"箭"图片添加行为——当"出现"时"播放声音"，如图6-55所示。同样的方法，为其中一个"军令状"添加行为——"出现"时"播放声音"。在最后一帧关键帧，为军令状添加行为——"出现"时跳转"下一页"，如图6-56所示。

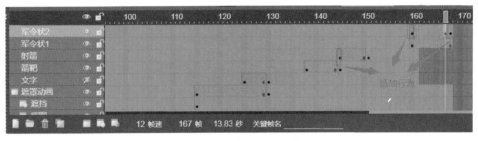

图 6-54　后续动画时间轴

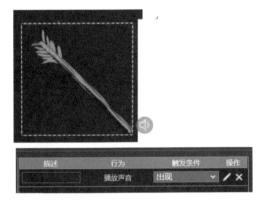

图 6-55　播放声音行为

图 6-56　切换至下一页

（3）创建第三页。

1）回到舞台，新建图层并命名为"长元件"，将"第三页长元件"拖放至舞台中，选定元件，右击并选择"组合"。

2）新建图层并命名为"拖动"，将背景的长矩形复制到该图层中，设置属性："名称"为"拖动"，"透明度"为 0，"拖动 / 旋转"为"垂直拖动"。舞台时间轴如图 6-57 所示。

3）选择长元件组，设置关联属性。对长元件的"上"属性设置关联，如图 6-58 所示。

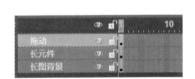

图 6-57　舞台时间轴

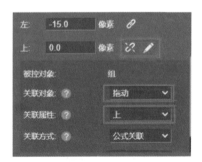

图 6-58　元件"上"属性关联

4）双击进组，选择元件，单击"属性"面板中"动画关联"选项，选择"启用"，设置动画关联属性，如图 6-59 所示。预览页面，可以实现长图拖动动画。

图 6-59　元件的动画关联

（4）创建第四页。

1）将长元件最后一帧的军令状复制，在第四页新建图层，原位粘贴过来，与第三页实现无缝切换动画效果。分别在两个图层做关键帧动画，制作军令状交叉放大消失效果的动画，时间轴如图 6-60 所示。

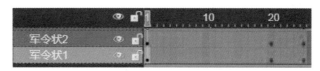

图 6-60　军令状动画

2）新建图层，制作后续动画，此处不再赘述，第四页时间轴如图 6-61 所示，页面效果如图 6-62 所示。

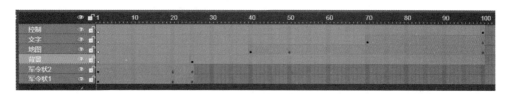

图 6-61　第四页时间轴

图 6-62　第四页页面效果

（5）制作第五页。创建"背景"图层，放置背景图片，添加预置动画；新建文字图层，创建文字，添加预置动画，页面效果如图6-63所示。

（6）添加背景音乐，完善文档信息。本任务预览二维码如图6-64所示。

图6-63 第五页页面效果 　　　　　　 图6-64 本任务预览二维码

任务3 游戏类交互动画的制作——"捉谣记"

"捉谣记"

【任务描述】

本任务案例源自"闪电新闻H5"作品，该作品动画内容设计了多个场景，每个场景讲述一个主题，以"寻物"为主线，最终找到线索物品，回答问题，揭示谣言，也向人们传达了不传谣、不信谣的理念，传播正能量。

作品综合利用多种工具，具有多种交互形式，本任务截取其中部分页面进行讲解，完整的案例二维码如图6-65所示。

图6-65 "捉谣记"二维码

【任务要求】

掌握预置考题工具的应用；掌握游戏类动画的设计原则，掌握动画逻辑控制，掌握多种交互动画的制作技术。

【知识链接】

1. 预置考题的应用

（1）预置考题工具。Mugeda 平台提供了一系列预置考题工具，主要包括常见的单选题、多选题、填空题、拖拽题以及总分，我们依次来学习各种题型的考题制作。

1）单选题。单击"单选题"工具，弹出预置考题设置对话框，如图 6-66 所示，输入问题和选项。添加成功后时间轴如图 6-67 所示，舞台如图 6-68 所示，系统自动添加 4 个关键帧，其中第 2 帧为正确帧，第 3 帧为错误帧，第 4 帧为解析帧，预览效果如图 6-69～图 6-71 所示。

图 6-66 单选题设置

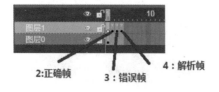

图 6-67 时间轴

图 6-68　单选题

图 6-69　正确帧

图 6-70　错误帧

图 6-71　解析帧

　　选择第 1 帧考题选项，在"专有属性"区域可以自行设置考题选项外观样式，如图 6-72 所示。

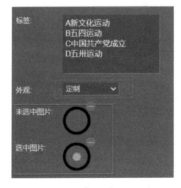

图 6-72　考题外观设置

2）多选题。单击"多选题"工具 ▤，弹出"预置考题"对话框，与单选题类似，设置考题，区别在于选项设置处，如图6-73所示。

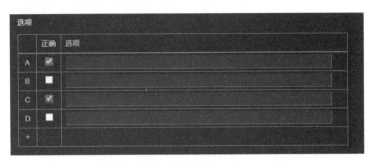

图6-73 多选题选项设置

3）填空题。单击"填空题"工具 ▣，弹出"预置考题"对话框，如图6-74所示，单击右上角的"添加填空"按钮即可创建"{{1}}"，在选项区域输入与之对应的正确答案。设置完成后系统同样自动设置4个关键帧。

4）拖拽题。首先现在页面中设置几个可以拖拽的选项元素，以及回答目标区域元素，如图6-75所示，并分别命名。单击"拖拽题"工具 ▦，弹出"预置考题"设置对话框，设置题目和选项，如图6-76所示，在选项区域只设置正确答案的拖拽。

图6-74 填空题设置

图6-75 舞台选项和题框

5）总分设置。单击"总分"工具，弹出"测试结果"对话框，设置通过的测试分数，如图6-77所示。添加完成后，舞台自动生成两个关键帧，分别为通过帧和未通过帧，舞台效果分别如图6-78和图6-79所示。

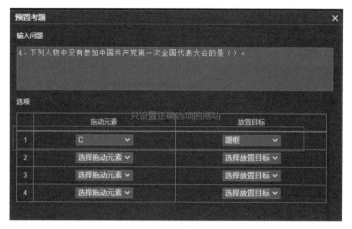

图 6-76　拖拽选项设置

图 6-77　测试结果设置

您的分数
70 分
通过分数
50分

结果

反馈结果描述

图 6-78　通过帧

您的分数
70 分
通过分数
50分

结果

反馈结果描述

图 6-79　未通过帧

2. 本任务作品分析

（1）动画设计要点。游戏类交互动画在交互形式上可以多样化，如答题、寻物、竞速等，游戏设计要具有吸引力和趣味性。为了保证浏览者的参与度和良好的用户体验，游戏界面要设计必要的游戏说明和提示信息。

本任务包括加载页、首页、目录页、4 个主场景页和多个答题页和提示页等，动画中运用了大量的预置动画和元件动画，使动画整体给人轻松活泼的感受，场景中各个物品也添加了交互，点击后有声音和动画的响应，给动画添加了趣味性。游戏过程中寻找物品较多，容易遗忘所找寻目标物品，在场景中某些物品上会给予游戏提示，以保证游戏难度。

（2）动画交互分析。

1）首页和目录页主要运用了页交互行为，实现页面之间的跳转。

2）场景中各物品创建大量元件动画，循环播放。

3）点击物品时，主要运用帧交互、媒体播放控制、属性控制等交互行为。

【任务实施】

1. 加载页和首页页面制作

（1）加载页。

1）舞台设置。舞台设置如下：宽为 520 像素，高为 320 像素，背景色为深灰色。单击"文件"→"文档信息"，设置文档信息属性，如图 6-80 所示。

图 6-80 设置文档信息

2）制作"放大镜"元件动画，使放大镜呈现旋转搜索效果。

3）制作"眼睛"元件动画。绘制小的黑色圆形，制作眼珠运动的元件动画。

4）将页面所需图片素材放置到舞台中，设置"首页作为加载"。加载页如图 6-81 所示。

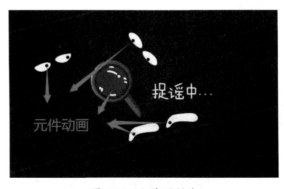

图 6-81 加载页制作

（2）首页制作。

1）制作眼睛元件动画。制作眼睛显示隐藏的元件动画，如图 6-82 所示，放置到舞台中。

图 6-82　眼睛元件

2）制作首页放大镜元件。将放大镜制作成放大缩小的元件动画，放置到舞台中。

3）添加预置动画和音效。对标题、人物、文字、按钮、放大镜元件添加适当的预置动画。分别为"捉谣记""人物"图片添加行为——当"出现"时，"播放声音"。

4）为"进入场景"按钮添加"点击"进入"下一页"的交互行为。首页效果如图6-83 所示。

图 6-83　首页效果

2. 目录页制作

（1）页面效果分析。当单击"进入场景"后，跳转到目录页，页面中包含代表 4 个场景的图片。当单击场景图片后，其他三个场景渐渐消失，然后跳转到对应场景页面中。

（2）设置页号文本。新建图层并命名为"页码"，在舞台外创建文本，命名为"page"，如图 6-84 所示。

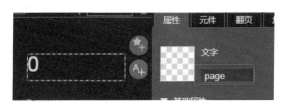

图 6-84　设置页号文本

（3）制作四个场景入口元件，以"健康谣言"为例。

1）新建元件并命名为"健康谣言"，将图片放置到元件舞台中，在 1 ～ 60 帧做关键帧动画，在第 25、第 50 帧按 F6 键插入关键帧，在第 25 帧时，将图片向上轻移；在第 60 帧时，将图片透明度设置为 0。

2）新建图层并命名为"控制"，在第 50 帧按 F6 键插入关键帧，在舞台绘制一个透明图形，为图形设置行为——当"出现"时"跳转到帧并播放"，设置帧号为 1，即元件一直在第 1 ～ 50 帧循环播放。

3）在"控制"层第 51、第 60 帧，按 F6 键插入关键帧，删除第 51 帧图形，将第 60 帧图形的行为删除，重新设置行为——当"出现"时，"跳转到页"，编辑页号为 {{page}}。

元件动画时间线如图 6-85 所示。

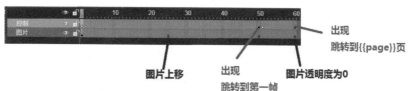

图 6-85　场景入口元件动画时间线

4）按以上步骤，分别将其他三个入口元件完成。回到舞台，新建图层并命名为"场景"，分别将四个元件放置到舞台中，分别命名，如图 6-86 所示。

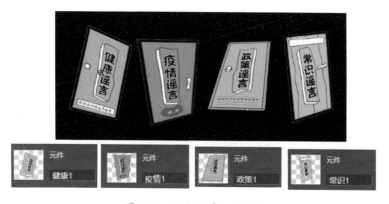

图 6-86　四个场景入口元件

5）分别为四个元件添加交互行为，以"健康谣言"为例，当"单击"时，"播放元件片段"，分别设置其他三个元件，播放第 51 ～ 60 帧，如图 6-87 和 6-88 所示，即当单击"健康"时，其他三个元件分别慢慢消失。同理，为其他三个元件添加相同的"播放元件片段"行为。

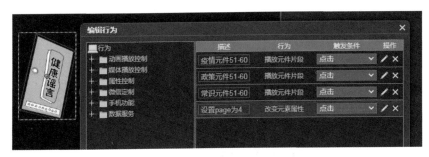

图 6-87 "健康"添加行为

6）继续为"健康"元件添加行为——当"单击"时，"改变元素属性"，设置 page 取值为 4，如图 6-89 所示。

即当单击"健康"时，设置文本 page 的取值为 4，当其他三个元件播放到最后一帧时，舞台跳转到第 4 页。同理，分别为其他三个元件添加相同的行为，对"疫情"元件设置文本取值为 5，"政策"元件设置文本取值为 6，"常识"元件设置文本取值为 7。

图 6-88 播放元件片段

图 6-89 设置 page

（4）制作其他元件。制作背景闪烁的元件动画，制作眼睛元件动画。在舞台中新建图层并命名为"背景"，将闪烁背景、眼睛元件等元素添加到舞台中。为其中一个元素添加行为——当"出现"时"禁止翻页"。最终目录页图层和效果如图 6-90 和图 6-91 所示。

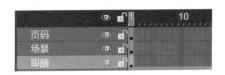

图 6-90 目录页图层

图 6-91 目录页效果

3. 场景页面制作——以"健康谣言"场景为例

（1）第 1 帧场景引导页制作。

1）新建图层并命名为"背景"，将背景图片放置到舞台中。

2）新建图层并命名为"物品"，将"药瓶""文字""线索图片"放置到舞台中，分别设置适当的预置动画。为"药瓶"添加音效，设置行为——当"出现"时，"播放声音"。

3）制作元件动画。分别为"药瓶"周围的"光线""…""箭头"做元件动画，时间轴参考如图 6-92 所示。

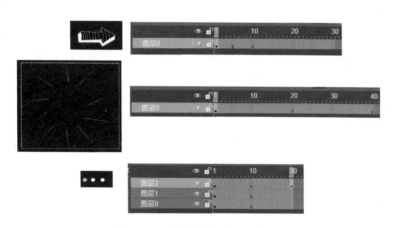

图 6-92 制作引导页各元件动画

4）将各元件放置到舞台中，调整位置。新建图层并命名为"控制"，在舞台外绘制图形，添加行为——当"出现"时，"禁止翻页"；当"出现"时，"暂停"，选择第 3 帧，按 F5 键插入帧，将动画延长至第 3 帧。

5）为"箭头"添加行为——当"点击"时，"下一帧"。第 1 帧引导页效果如图 6-93 所示。

（2）第 2 帧游戏页面制作。

1）新建图层并命名为"背景 2"，将页面所需素材放置到舞台中。

2）新建元件"茶杯"，将茶杯的"热气"做元件动画，放置到舞台中，第 2 帧"背景 2"图层页面效果如图 6-94 所示。

图 6-93　第 1 帧引导页效果

图 6-94　"背景 2" 图层第 2 帧

3）新建图层并命名为"黑暗"，将文字放置到舞台中，为文字添加预置动画。

4）新建元件"变亮"，绘制黑色矩形覆盖到舞台中，做透明度变化的关键帧动画；新建图层，在 20 帧时插入关键帧，舞台外绘制图形，添加行为——"出现"时"舞台""下一帧"，元件动画时间轴如图 6-95 所示。回到舞台，将"变亮"元件放置到舞台中。

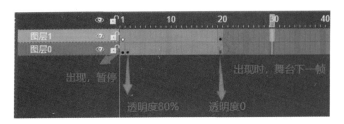

图 6-95　"变亮"元件动画

5）新建元件"开灯"，制作元件动画放置到舞台中。为元件添加行为——当"点击"时"播放声音"，添加"开灯"音效；当"点击"时"播放元件片段"，设置播放"变亮"

元件的第 2 ～ 20 帧，页面效果如图 6-96 所示。

图 6-96　"黑暗"图层第 2 帧

（3）第 3 帧页面制作。

1）选择图层"背景 2"，在第 3 帧按 F5 键插入帧，按 F6 键插入关键帧。

2）新建"小猫"元件，做元件动画。"小猫"元件第 1 帧放置小猫图片，添加行为——当"出现"时"播放声音"，当"出现"时"元件自身""暂停"，当"点击"时"跳转到帧并播放"，设置起始帧号为"2"，结束帧号为"20"。第 2 帧依次按 F5 键、F6 键，删除所有行为，添加"强调"预置动画，在第 20 帧按 F5 键，"小猫"元件时间轴和行为如图 6-97 所示。

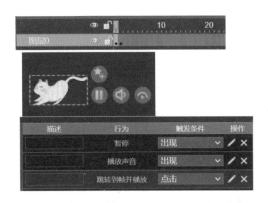

图 6-97　"小猫"元件

3）重复上述步骤，新建"灯"元件，制作元件动画。将"小猫""灯"元件放置到舞台中。

4）以"减肥"页面为例，制作闯关回答问题页面。

新建"减肥页"元件，将"图层 0"命名为"背景"，将背景、编号以及"捉谣""不是谣言"等图片放置到背景图层中，在第 20 帧按 F5 键。

新建图层并命名为"对错"，将"错"和"答案"图片放置到第 2 帧，分别做预置动画"浮入"，将"对"和"答案"图片放置到第 11 帧，做预置动画"浮入"。

新建图层并命名为"停止"，分别在第 1、第 10、第 20 帧按 F6 键，绘制图形，添加行为——"出现"时当前元件"暂停"。

为"捉谣"添加行为——当"点击"时，"跳转到帧并播放"，设置帧号"11"，为"不是谣言"添加行为——当"点击"时，"跳转到帧并播放"，设置帧号"2"，如图 6-98 所示。

回到舞台，新建图层并命名为"减肥"，将元件放置到舞台之外的左侧。

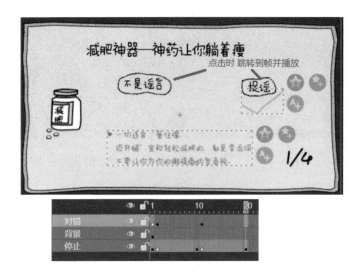

图 6-98 "减肥"元件动画

5）做按钮元件动画，将"下一场景"按钮图片制作成向右下轻移的元件动画；用同样的方法为"仍在青铜秘境捉谣"创建元件动画，将这两个元件放置到"减肥"图层中，与"减肥"元件组合，命名为"减肥页面组合"，如图 6-99 所示。

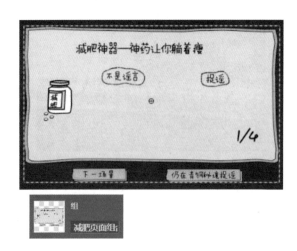

图 6-99 减肥页面组合

6）添加交互行为。选择舞台中第 3 帧的"药瓶"，添加行为——当"点击"时，"改变元素属性"，设置"减肥页面组合"的"左"属性为"10"，此处应根据实际情况设置，目的是让减肥页面放置到舞台中适当位置。为"仍在青铜秘境捉谣"添加行为——当"点击"时，"重置元素属性"，设置对象为"减肥页面组合"的"左"属性。为"下一场景"
添加行为——当"点击"时，"下一页"，如图 6-100 和图 6-101 所示。

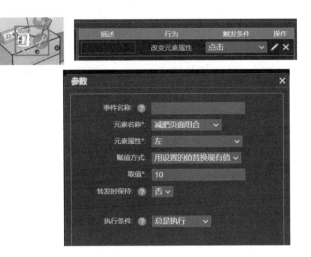

图 6-100 "药瓶"行为

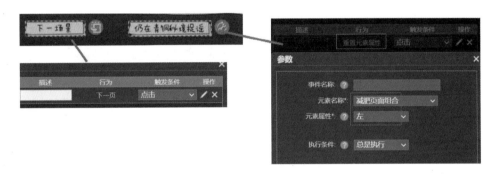

图 6-101 按钮行为

7）重复以上步骤，制作其他物品线索对应页面，完成一个场景的制作，其他场景可
按此步骤进行制作，此处不再赘述。

（4）设置背景音乐和文档信息，最后为舞台添加背景音乐，设置文档信息内容，便
于分享。单击工具栏中的预览按钮 🖥，预览无误后，保存并发布作品。

项目拓展

1．制作具有逻辑条件处理的闯关类游戏。

2．结合随机数、陀螺仪等工具制作闯关游戏。

思考与练习

1．对预置考题进行进一步的美化和交互的改进设计。

2．如何为预置考题添加计时？

参考文献

[1] 彭澎,姜旭. 可视化 H5 页面设计与制作 Mugeda 实用教程 [M]. 北京:人民邮电出版社,2019.

[2] 王志. 零代码 HTML5 交互动画设计 [M]. 北京:高等教育出版社,2017.